NOTES

POUR SERVIR

À

LA FAUNE

DU

DÉPARTEMENT DE SEINE-ET-MARNE

PAR

M. Le Comte DE SINETY

PARIS

IMPRIMERIE SIMON RAÇON ET COMPAGNIE

RUE D'ERFURTH, 1.

1855

NOTES

A LA FAUNE

DU DÉPARTEMENT DE SEINE-ET-MARNE

Extrait de la **Revue et Magasin de Zoologie.**
N° 3. — 1854.

NOTES

POUR SERVIR

A LA FAUNE

DU DÉPARTEMENT DE SEINE-ET-MARNE

OU

LISTE MÉTHODIQUE

DES ANIMAUX VIVANT A L'ÉTAT SAUVAGE
QUI SE RENCONTRENT, SOIT CONSTAMMENT, SOIT PÉRIODIQUEMENT
OU ACCIDENTELLEMENT, DANS CE DÉPARTEMENT

Suivies d'observations sur la poche buccale des Casse-noix, présentées
à l'Académie des Sciences dans sa séance du 2 mai 1853

Par M. le comte de SINETY,
Membre de la Société zoologique d'acclimatation (1)

Depuis 1835 je me suis constamment occupé de re-
chercher les animaux sauvages de notre département.
Toutes les notes que j'ai prises l'ont toujours été à mon

(1) Nous accueillons le travail de M. de Sinety avec d'autant
plus d'intérêt qu'il est consacré à la zoologie de la France et con-
tient d'excellents matériaux pour la Faune de notre pays, dont on
s'occupe malheureusement si peu chez nous.
Des dépenses considérables ont été faites jusqu'ici pour faire
connaître les productions naturelles des pays les plus éloignés,

point de vue personnel, car je ne pensais nullement à
les publier, aussi n'ai-je admis dans mes listes que les
animaux dont la présence au milieu de nous m'a été
révélée *de visu*. Presque tous ceux dont je parle ont été
pris ou tués par moi ou par des amis qui ont bien voulu
me les donner, et, par leur complaisance, m'ont mis à
même de compléter un travail dont je ne fusse jamais
venu à bout sans leur coopération. Je dois des remer-
cîments tout particuliers à MM. de Balloy, dont la présence continuelle dans notre pays et dans une localité
aussi riche qu'exceptionnelle m'a fourni un grand nombre d'espèces qu'il m'eût été impossible de me procurer
ailleurs.

Je passerai successivement en revue les Mammifères,
les Oiseaux, les Poissons, les Reptiles et les Mollus-
ques à coquilles fluviatiles et terrestres.

Il y a longtemps déjà que mes efforts n'aboutissent
plus à me faire découvrir des espèces nouvelles ; mais,
comme il y en a probablement quelques-unes qui m'au-
ront échappé malgré mes recherches, j'indiquerai celles

ce qui est fort louable certainement, mais nous avons toujours vu
avec regret que rien de semblable n'a été fait pour provoquer ou
encourager des publications ayant pour but de faire connaître
l'histoire naturelle de notre propre pays. La France a été le sujet
de bien des publications, on a écrit souvent son *histoire politi-
que*, son *histoire littéraire*, etc., etc.; mais l'histoire de ses productions naturelles reste encore à faire.

Déjà nous avons donné dans la *Revue de zoologie* des notices
sur ce sujet tout national, et les observations actuelles viennent
ajouter à ce noyau. M. de Sinety s'occupe de ces études depuis
près de dix-huit ans ; il a parcouru la Russie, la Norvége, le Danemarck, etc., ainsi que la Turquie, la Grèce, l'Asie-Mineure, l'E-
gypte et la Nubie, ce qui lui a permis de donner à ses observations un caractère comparatif très-important dans des recherches
de ce genre. On lui doit, en outre, une découverte fort intéressante
sur une particularité de l'organisation du *Casse-noix*, qui a été pu-
bliée dans les Comptes rendus de l'Académie des Sciences, et re-
produite dans cette Revue. (Voir 1853, p. 226.) (G. M.)

qui, se trouvant dans les départements voisins, de-
vraient aussi se rencontrer dans le nôtre. Le temps et
le hasard pourront seuls prouver si elles pénètrent dans
nos limites géographiques, ou si elles manquent entièrement à notre Faune. Ce que je désire c'est que d'autres observateurs consciencieux veuillent bien compléter mon travail par des recherches personnelles, les
seules qui me paraissent avoir de la valeur dans cette
sorte d'étude : car, je l'avouerai, je redoute par dessus
tout le zèle des auteurs qui, par le désir de grossir en
apparence les richesses du pays dont ils se sont occupés, admettent des espèces sans une grande circon-
spection et sur de simples on dit : c'est un tort qui n'est
que trop commun. Si l'on était étonné que l'on se fût
occupé de la Faune de Seine-et-Marne, je répondrais
que plus les départements sont près de Paris et moins,
peut-être, ils ont été étudiés. On connaît bien plus généralement, en effet, les oiseaux de l'Amérique que
ceux de la France, et j'ai acquis la certitude que des
recherches bien faites dans les départements de l'Yonne
et de Seine-et-Oise nous fourniraient une liste orintho-
logique différente de celle que j'ai dû présenter ; car
ces deux départements, quoique limitrophes du nôtre,
nourrissent quelques espèces que l'on chercherait en
vain dans Seine-et-Marne.

Ma position au bord de la forêt de Fontainebleau ou
dans les plaines et les marais des environs de Montereau et de Bray m'a permis, par la différence des terrains de ces localités, de me procurer les espèces sédentaires ou de passage. Il m'eût été impossible, quand je
l'eusse fait exprès, de choisir deux meilleurs points
d'observation. J'ai joint à celles que je faisais en France
des notes prises dans mes voyages, pendant lesquels
j'ai eu occasion de revoir quelquefois, même jusqu'aux
points extrêmes de leurs migrations, des oiseaux qui
nous visitent ou viennent nicher dans nos contrées.

m'attachant toujours avec grand soin à indiquer les époques de passages ou d'apparitions ainsi que les endroits qu'ils semblent affectionner.

PREMIÈRE CLASSE

MAMMIFÈRES.

Le premier Ordre ne contenant que le genre Homme, nous ne nous en occupons pas ici. Le deuxième Ordre des Quadrumanes ou Singes n'a pas de représentants dans le département.

Troisième Ordre. — **CARNASSIERS**.

Première famille. — LES CHEIROPTÈRES.

Genre *Rhinolophe*.

Le Grand Fer-à-cheval (*Rhinolophus unihastatus*, Geoff.). Cette espèce, l'une des plus rares de nos Chauves-Souris, se trouve quelques fois en été et en automne. J'en ai pris dans une vieille glacière, à Bourron, près de la forêt de Fontainebleau, et à Hautefeuille (Yonne), localités très-boisées qu'elle semble affectionner.

Le Petit Fer-à-cheval (*Rhinolophus bihastatus*, Geoff.) passe l'été dans les greniers, dans les crevasses. Je l'ai trouvé occupant les grottes peu profondes du croc marin dans la forêt de Fontainebleau. Il m'a été envoyé aussi de Grand-Bourg (Seine-et-Oise), où il se trouvait en très-grand nombre dans le grenier d'une maison. Comme le précédent, le Petit Fer-à-cheval se suspend par les pieds de derrière la tête en bas.

Genre *Vespertilio*.

La Chauve-Souris murin (*Vespertilio murinus*, Linn.(
se trouve dans les vieilles églises : j'en ai vu prendre
beaucoup dans le ceintre de Saint-Gervais, à Paris. L'un
de ces animaux a été pris à Balloy vers le 15 avril 1851,
époque où les Chauves-Souris quittent leurs demeures
d'hiver pour leurs résidences d'eté.

La Chauve-Souris noctule. (*Vespertilio noctula*, Linn.).
Je me la suis procurée à Bourron, où elle paraît tous les
ans au mois de novembre ou fin d'octobre. Comme
on ne l'y voit jamais en été, que son apparition n'est
pas de longue durée, et à l'époque où les Chauves-
Souris prennent leurs quartiers d'hiver, je pense qu'elles
ne font que passer lorsqu'elles quittent la forêt pour les
grottes les plus profondes.

La Chauve-Souris sérotine (*Vespertilio serotinus*,
Linn.) habite le creux des arbres et les toits des édifices,
sort un peu plus tard que la Noctule ; elle est beaucoup plus commune qu'elle, et se trouve dans tout le
département. La Sérotine se distingue facilement de la
Noctule par le poil de son dos long et frisé, tandis que
cette dernière l'a très-court et d'une couleur marron
plus foncé.

La Chauve-Souris pipistrelle (*Vespertilio pipistrellus*,
Linn.) habite en grand nombre les greniers. On la voit
quelquefois voltiger en plein jour ; dès que le temps se
radoucit, elle sort même au milieu de l'hiver. C'est la
plus commune de nos Chauves-Souris, et celle dont le
sommeil hivernal est le moins profond. On la trouve
aussi bien dans les villes qu'à la campagne.

La Chauve-Souris à moustaches. (*Vespertilio mysta-
cinus*, Leisler) vole le soir à la surface des eaux, qu'elle
rase volontiers, se tient dans toutes les parties humides
du département. Ses oreillons sont droits, longs, très-

pointus à l'extrémité supérieure. Elle est un peu plus grande que la Pipistrelle. Son corps est blanchâtre en dessous et gris en dessus ; le poil en est long et soyeux.

Genre *Plecotus*.

L'Oreillard commun (*Plecotus auritus*, Desmar.). Remarquable par la grandeur de ses oreilles, aussi longues que son corps. Cette espèce habite, l'été, les arbres creux. On la trouve assez souvent aussi suspendue la tête en bas dans les écuries et les vacheries. L'hiver, elle se retire dans les carrières et les caves. Assez commune.

L'Oreillard barbastelle (*Plecotus barbastellus*, Desmar.). Elle se trouve dans l'Aube, dit M. J. Ray, mais je n'ai jamais pu me la procurer dans Seine-et-Marne, où l'on devrait aussi la rencontrer.

Pendant l'été, les Chauves-Souris, n'ayant rien à craindre du froid, se cachent dans les fentes des arbres, dans les greniers, les crevasses des vieux murs, ou des grottes peu profondes. Aux approches de l'hiver, elles choisissent au contraire pour leur sommeil hivernal des carrières et des souterrains profonds où les gelées ne puissent jamais les atteindre. On les y trouve alors réunies en grand nombre de la même espèce ; car, quoique sociables entre elles, elles ne se mêlent pas à des espèces différentes, de sorte qu'un trou adopté par des Noctules, par exemple, ne sera jamais habité en même temps par des Oreillards ou des Sérotines.

Deuxième famille. — LES INSECTIVORES.

Genre *Erinaceus*.

Le Hérisson (*Erinaceus europœus*, Linn.). Commun dans les haies et les buissons, on ne le trouve pas dans l'intérieur des grandes forêts : ainsi les gardes de la forêt de Fontainebleau m'ont dit n'en rencontrer jamais. Le Hérisson dort le jour, et l'hiver s'engourdit après s'être enveloppé d'un paquet de feuilles parfaitement arrangées et très-serrées. On dit que le Hérisson se nourrit de pommes ; ceux que j'ai eu ont refusé d'en manger ; mais, en revanche, ils aimaient beaucoup la viande crue et le lait. Cet animal n'est pas farouche, il s'apprivoise facilement. Les paysans le mangent quelquefois. Quand on veut le prendre, il ne cherche pas à fuir, mais il se met en boule à l'abri de ses piquants.

Genre *Sorex*.

Musareigne carrelet (*Sorex tetragonorus*, Herm.). Habite les bois, les haies et les campagnes. Les chats et les renards la tuent, mais ne la mangent pas, ce qui fait que l'on en trouve très-souvent de mortes dans les chemins et dans les allées des parcs. Elle se reconnaît à sa queue d'égale grosseur dans toute sa longueur et de forme presque carrée, d'où lui vient son nom.

Musareigne porte-rame (*Sorex ciliatus*, Sowerby). Ventre noir, tache blanche sous le cou. Les Musareignes aquatiques ne se montrent guère qu'au lever et au coucher du soleil, ce qui, avec leur petitesse et leur agilité, en rend la capture assez difficile, car elles sont peut-être moins rares qu'elles ne le paraissent.

Musareigne d'eau (*Sorex fodiens*, Pall.). Ces deux espèces se trouvent dans l'Aube, dit M. J. Ray dans l'excellent petit ouvrage qu'il a publié sur ce département. J'ai vu quelquefois des Musareignes aquatiques le long de nos eaux ; mais, n'ayant jamais pu me les procurer, je ne saurais dire à quelle espèce elles appartenaient, ou s'il y en avait des deux variétés. Une très-belle Musareigne porte-rame m'a été envoyée de la rivière de l'Orge (Seine-et-Oise). La Musareigne d'eau a le dos noir comme l'espèce précédente, mais son ventre est blanc, c'est ce qui la distingue du *Sorex ciliatus*.

Genre *Crocidura*.

Musareigne leucode (*Crocidura leucodon*, Wagl.). Cette espèce est très-rare. Le seul individu que j'aie pu me procurer a été pris en décembre 1849, non loin d'une mare, dans une retraite en terre qu'il s'était creusée dans un jardin fruitier. Les incisives de la Musareigne leucode, comme celles de toutes les Crocidures, sont entièrement blanches, et c'est à cela que l'on distingue le genre Crocidure du genre Musareigne : ces dernières ont toujours l'extrémité des incisives jaune safran. Les parties supérieures de la leucode sont d'un brun très-foncé et presque noir, le ventre et le dessous du corps sont blanc, la queue et les pieds sont ciliés.

La Musareigne ordinaire (*Crocidura aranea*, Schreb.), vulgairement Musette ou Misrine, se trouve autour des maisons dans les murs des potagers. L'hiver, elle se retire dans les trous à fumier, où elle se nourrit de chaires pourries. Les chats la tuent, mais ne la mangent pas, à cause de l'odeur musquée que la Musareigne ordinaire répand comme toutes les autres espèces de ce genre. Cette odeur musquée est sécrétée par des glandes placées sur les flancs, quand l'animal qui nous occupe en ce moment est en mue ; ces glandes sont si apparentes que l'on pourrait les prendre pour de la gale.

Genre *Talpa*.

Taupe ordinaire (*Talpa europœa*, Linn.). Cet animal si commun fait le désespoir des jardiniers. Il n'est pas plus rare dans les plaines que dans les bois. La variété la plus commune est nankin. avec le petit bout du poil cendré dans quelques parties ; on en trouve aussi de

toutes blanches et de grises : du reste, ces variétés ne
peuvent s'attribuer qu'à des maladies, et ne sont que
des albinismes plus ou moins complets.

Troisième famille.—Les Carnivores.

Première section. — Les Plantigrades.

Genre *Meles.*

Le Blaireau ordinaire (*Meles vulgaris*, Desm.) vit
dans des terriers très-profonds dans lesquels il reste
engourdi une partie de l'hiver. Il se nourrit de racines, de glands, et mange anssi du miel et de la
viande. Le Blaireau devient très–gras à l'automne. Il
se défend avec avantage contre les chiens et les renards, car il a la dent extrêmement dure. Quand un
Blaireau se trouve surpris dans un bois où il n'a pas de
terrier, il se fait battre par les chiens comme un lapin.
L'opinion des chasseurs concernant les Blaireaux à
museau de chien et à museau de cochon est erronée.
Il n'y en n'a qu'une espèce en France. La même observation peut concerner aussi le Hérisson, dont on avait
fait aussi deux espèces, l'une à museau de chien, l'autre
à museau de cochon, ce qui n'est pas exact non plus.
On trouve des Blaireaux dans beaucoup de bois et dans
toutes nos forêts ; il est même assez commun dans celle
de Valence.

Deuxième section. — Digitigrades a ongles fixes.

Genre *Mustela.*

La Martre (*Mustela martes*, Linn.). Cette espèce, la
plus estimée du genre à cause de sa fourrure, est très-
sauvage ; on ne la trouve que dans les forêts les plus
profondes, où elle est très-rare. On la rencontre dans la

forêt de Fontainebleau, et c'est, je pense, le seul endroit du département où l'on puisse espérer de pouvoir
se la procurer. La Martre paraît moins rare dans la
forêt de Compiègne ; elle est très-facile à distinguer de
la Fouine, parce qu'elle a la gorge jaune, tandis que la
Fouine l'a toujours parfaitement blanche.

La Fouine (*Mustela foina*, Linn.). Beaucoup plus
commune que la précédente ; il n'y a pas de village où
il n'y ait des Fouines : elles se logent dans les greniers,
les granges, et font leurs nids dans les tas de bois ou de
foin. La Fouine est très-redoutable pour les volailles ;
elle aime beaucoup les œufs ; aussi l'on cherche autant que possible à la détruire. Sa fourrure d'hiver
est très-recherchée et s'est vendue, les années dernières,
jusqu'à dix et douze francs la pièce. On en envoie une
grande quantité dans l'Amérique du Nord, ce qui paraît extraordinaire quand on pense que ce pays fournit
la Martre du Canada. La Fouine, comme la Martre et le
Putois, est un animal nocturne.

Le Putois (*Mustela putorius*, Linn.). Moitié moins gros
que la Fouine, le Putois habite davantage dans les bois,
les garennes et même les champs, où il se creuse des
terriers ; mais il a soin aussi de se mettre à la portée
des villages et des fermes pour ravager les poulaillers,
les pigeonniers et les toits à lapin. Il fait la chasse aux
œufs, aux lapins de garenne, entre dans leurs terriers,
et étrangle quelquefois les furets des chasseurs.

L'Hermine (*Mustela erminea*, Linn.). Cette petite espèce est fort carnassière et très-dangereuse pour les
lapins et les oiseaux, dont elle mange les œufs. Elle
se trouve en petit nombre dans tout le département.
On tue peu d'Hermines à coups de fusil, parce qu'elle
sort principalement la nuit, mais on en prend assez
souvent aux assommoirs. M. Ray dit que dans l'Aube on
la trouve dans les coteaux pierreux et sur le chevet des
vignes ; pour moi, je ne l'ai jamais rencontrée que dans

lés accrues de la Seine ou de l'Yonne, ou dans des bois humides. L'Hermine, pendant l'été, est rousse comme la Belette, quoiqu'un peu plus foncée que cette dernière, et alors on les confond souvent. Il est cependant facile de les distinguer. L'Hermine, dans quelque pelage qu'elle soit, a toujours la queue noire au bout et beaucoup plus longue que la Belette. Le Roselet de M. de Buffon n'est autre chose qu'une Hermine en pelage d'été. L'hiver, les Hermines sont toutes blanches, sauf le bout de la queue; au printemps et à l'automne, on trouve des individus en train de changer de poil, et qui sont panachés de blanc et de brun. De même que la Belette, l'Hermine s'établit souvent l'hiver dans les meules, où elle mange une grande quantité de mulots, de souris et de campagnols.

La Belette (*Mustela vulgaris*, Linn.). Très-commune dans les campagnes; cet animal, le plus petit du genre, est très-vorace, et sa petite taille le rend d'autant plus dangereux pour les volailles qu'il lui faut très-peu de place pour passer. L'été, la Belette détruit beaucoup d'œufs de toutes espèces d'oiseaux. L'hiver, elle fait souvent dans les meules la guerre aux rats, aux souris et aux campagnols, dont elle détruit un grand nombre. La Belette se trouve dans les champs, les haies, les jardins, où elle se creuse un terrier peu profond. Ses habitudes paraissent moins nocturnes que celles des autres espèces du même genre, car on les voit très-souvent le jour.

Genre *Lutra*.

La Loutre (*Lutra vulgaris*, Erxl.) habite le bord des étangs, des rivières, où elle se creuse des terriers, ou bien elle s'établit sous une souche de saules. La Loutre est un animal méfiant. Il ne sort guère que la nuit, aussi n'est-il pas rare de s'apercevoir des dégâts qu'il cause dans les étangs ou les rivières sans pouvoir s'emparer du voleur. On le tue quelquefois à l'affût, et on le prend en lui tendant des piéges sur des pierres blanches, car elle a la singulière habitude d'aller y déposer des excréments ; mais cette méthode ne réussit pas beaucoup mieux que les autres, et, en somme, quoiqu'il y en ait dans toutes les eaux du département, il est extrêmement difficile de s'en procurer.

Genre *Canis*.

Le Loup (*Canis lupus*, Linn.). N'est pas très-commun chez nous. Il se tient indistinctement dans les forêts, les grands bois, ou dans ceux qui n'ont pas une grande tenue. Il fait souvent ses petits dans des boqueteaux. Au milieu des plaines, les Loups se promènent alors dans les blés tant qu'ils sont sur pied, puis ils s'éloignent quand la plaine est découverte. Pendant l'hiver, le Loup rôde autour des villages pour y prendre les chiens, les volailles égarées, et, la faim le rendant plus hardi, il s'approche davantage des habitations.

Le Renard rouge (*Canis vulpes*, Linn.). Très-commun dans les forêts et dans les bois. Le Renard, connu pour sa finesse, se creuse des terriers profonds dans lesquels on l'enfume quelquefois. La nuit, le Renard s'associe avec ses voisins pour chasser à voix. Il s'établit volontiers dans les garennes, à la portée des habitations, et il fait une guerre acharnée aux poules et aux lapins.

Le Renard charbonnier (*Canis alopex*, Linn.). Les naturalistes ne sont pas bien d'accord sur la question de savoir si le charbonnier est une variété du Renard ordinaire, ou une race à part. Les chasseurs tranchent la question, et tuent tous des Renards charbonniers. Seulement, je n'en ai vu, jusqu'à présent, que dans la forêt de Fontainebleau. Le Renard rouge a le dessus du corps fauve, le ventre blanc ; le charbonnier a le ventre noirâtre et tout le pelage supérieur plus foncé que le précédent ; mais, ce qui m'empêche de croire à deux races bien distinctes, c'est que l'on trouve des Renards participant des deux variétés.

Troisième section. — DIGITIGRADES A ONGLES RÉTRACTILES.

Genre *Felis*.

Le Chat sauvage (*Felis catus*, Linn.). Il en existe probablement quelques-uns dans nos forêts, car il vit dans l'Aube, dans l'Yonne et dans la Nièvre : quoi qu'il en soit, cet animal doit être excessivement rare dans le département qui nous occupe; car tous ceux que l'on m'a donné pour sauvages n'étaient que des chats échappés. Le Chat sauvage se retire dans des trous d'arbres pour y faire ses petits.

Quatrième ordre. — Les **RONGEURS**.

Première famille. — Les CLAVICULÉS.

Genre *Sciurius*.

L'Écureil ordinaire (*Sciurus vulgaris*, Linn.). L'un des plus élégants quadrupèdes de notre pays, ce petit animal se nourrit de cônes de pin et principalement de noisettes. Les Alpes produisent une variété noirâtre sur le dos, avec la queue d'un beau noir. Dans l'Oberland bernois, où les écureuils sont très-communs, on en trouve autant de noirs que de rouges. En Suède, au contraire, et dans les Alpes scandinaves, je n'en ai vu que de noirs, avec le ventre blanc légèrement teinté de jaune, ce qui n'existe pas dans les écureuils suisses. Les écureuils de la forêt de Fontainebleau sont tous rouges. Il ne serait peut-être pas tout à fait impossible d'en trouver de noirs ; car un écureuil magnifique de cette dernière couleur m'a été envoyé du département de l'Aisne. Seulement, ce serait ici des variétés accidentelles, tandis qu'en Suisse et en Norwège ce sont des variétés constantes. Les Ecureuils font leurs nids sur les arbres, et les composent de branches et de feuillage.

Genre *Mus*.

Le Surmulot (*Mus decumanus*, Pall.). Originaire de l'Inde, il a été apporté en France, par des bâtiments de commerce, vers 1750. Maintenant on en trouve dans tout le département. Son pelage est gris-roux et sa grosseur beaucoup plus forte que celle du rat ordinaire. Le Surmulot chasse le rat indigène de tous les endroits où il s'établit ; mais il n'y a pas à gagner au change, car il est encore plus destructeur que l'autre, s'il y a moyen. Le Surmulot se loge volontiers dans les moulins à eau, dans les égoûts. Il a des habitudes assez aquatiques, et nage volontiers et facilement.

Le Rat commun (*Mus rattus*, Linn.). Celui-ci est beaucoup moins grand que le précédent. Il est d'un noir de suie, habite les greniers, les meules, mais ne va pas à l'eau comme le surmulot. On le trouve en grande quantité dans les fermes et même dans les villes, où il fait beaucoup de dégâts en rongeant tout ce qu'il trouve.

Le Mulot (*Mus sylvaticus*, Linn.). C'est un très-joli animal d'un beau fauve ; il a les oreilles grandes, de beaux yeux, et la queue aussi longue que le corps, ce qui le distingue des campagnols. Le Mulot est d'un tiers plus grand que la souris ; il habite les haies, les petits bois et les jardins : en été, il cause des dommages aux espaliers ; l'hiver, il rentre quelquefois dans les maisons. Sa nourriture se compose de fruits, de pois et de plusieurs autres graines qu'il amasse dans des trous qu'il fait en terre. Il mange aussi des glands.

La Souris (*Mus musculus*, Linn.). Bien connu de tout le monde, ce petit rongeur se trouve partout, à la ville comme à la campagne, ou il s'établit aussi dans les meules de blé.

Le Rat des moissons (*Mus minutus*. Pall.). Cette jolie espèce construit un petit nid en forme de four et le suspend dans les emblaves en l'attachant à trois ou quatre tiges de blé, de la même façon que l'éfarvatte établit le sien entre les roseaux. Le Rat des moissons est moins commun que la souris, les mulots et le campagnol des champs. Il ne pue pas et s'apprivoise très-facilement. La meilleure méthode quand on veut s'en emparer c'est de se trouver là quand on défait des meules, et de les chercher dans les fagots qui en forment le plancher. A ce sujet on remarquera que quelques meules sont uniquement habitées par des souris ordinaires, tandis que d'autres sont remplies de campagnols des champs, auxquels sont mêlés quelques individus de l'espèce dont il est question dans cet article. Le Rat des moissons, sans jamais se trouver en grand nombre nulle part, habite toute l'Europe tempérée.

Genre *Myoxus*.

Le Loir (*Myoxus glis*, Gmel.) n'est pas rare du côté de Dijon, se trouve aussi dans l'Aube, dit M. Ray, mais n'a jamais été vu, que je sache, dans Seine-et-Marne, où il se trouve peut-être. Dans ce cas il y serait fort rare.

Le Lérot (*Myoxus nitela*, Gmel.). On le confond toujours avec le loir, et on lui donne à tort ce nom. Beaucoup plus commun que le loir, le Lérot se trouve en abondance dans les vieux espaliers, où ils mange beaucoup de fruits. Comme le loir, le Lérot s'engourdit l'hiver ; il se fait alors un nid en mousse dans les crevasses des vieux murs, afin de se garantir du froid. Le loir se tient davantage dans les bois ; le Lérot habite plus volontiers les jardins, quoique j'en ai vu quelquefois occupés à manger les noisettes dans les forèts. Les signes distinctifs qui font reconnaître au premier abord le Lérot du loir, sont : 1° la tache noire qu'il porte à l'œil, tandis qu'elle manque chez le loir ; 2° la queue touffue du loir, qui ressemble à celle de l'écureuil, pendant que le Lérot a la queue garnie de poils ras jusqu'au bout, qui porte seulement une mèche longue.

Le Muscardin (*Myoxus muscardinus*, Gmel.). Cette charmante espèce se trouve dans tous les environs de Paris ; car j'en ai vu venir aussi de la forêt de Bondi. Moitié plus petit que le Lérot, le Muscardin est bien moins commun que lui ; son pelage est en dessus d'un joli fauve clair et son ventre blanc.

Genre Arvicola.

Le Rat d'eau (*Arvicola amphibius*, Desm.). Commun le long des étangs, des rivières et des ruisseaux. Il se retire dans des trous qu'il pratique dans les berges. Le Rat d'eau est beaucoup moins gros que le surmulot, avec lequel on le confond très-souvent à cause de leurs habitudes aquatiques. Il vit principalement de racines. Le Rat d'eau a le nez obtus ; le surmulot, au contraire, l'a assez long.

Le Campagnol des champs (*Arvicola arvalis*, Pall.). On le nomme vulgairement Souris des champs. C'est un fléau pour les récoltes quand l'hiver ne les détruit pas. Ce petit mammifère pullule extraordinairement. Il se nourrit principalement de blé, de seigle, et se retire en grand nombre, l'hiver, dans les meules. L'été, il vit en famille et se creuse des trous en terre. Souvent les luzernes sont entièrement minées par leurs terriers.

Le Campagnol des prés (*Arvicola subterraneus*, Selys). Ce petit Campagnol, beaucoup plus rare que le précédent, est moins fort que l'*arvalis ;* son museau, gros et obtus, et ses pattes noirâtres, au lieu d'être blanchâtres, peuvent servir à le distinguer du Campagnol des champs, dont la robe est claire, tandis que celle du Campagnol des prés est d'un gris ardoisé. Il se trouve dans les jardins, on dit aussi dans les prés. Ceux que je me suis procurés ont été pris dans le jardin potager de Misy, le long des espaliers. Un autre individu plus fort, mais qui doit, je crois, se rapporter à la même espèce, a été capturé dans le département de l'Yonne en abattant un arbre situé dans le parc d'Hautefeuille. Ce Campagnol était dans une petite retraite en terre. Le *subterraneus* paraît un animal nocturne.

Le Campagnol roussâtre (*Arvicola rubidus*, Selys). Je l'ai trouvé à Grand-Bourg (Seine-et-Oise), dans un jardin où il avait creusé ses terriers dans un gazon exposé au nord, et ne s'était établi que dans des endroits où le sol était argileux et humide. Ce jardin est à quatre lieues au plus des limites de notre département. Je ne doute pas un instant que l'on ne trouve le Campagnol roussâtre dans des localités analogues de Seine-et-Marne.

Deuxième famille. — Les non-claviculés.

Genre *Lepus*.

Le Lièvre (*Lepus timidus*, Linn.). Très-commun partout il y a encore quelques années. On lui a fait une telle guerre, qu'il est à craindre de le voir disparaître complétement. Les chasseurs distinguent plusieurs variétés de Lièvres, entre autres les Lièvres de bois, qui sont plus rouges que ceux des plaines. Ce ne sont que des variétés locales.

Le Lapin sauvage ou de garenne (*Lepus cuniculus*, Linn.). Connu de tout le monde, cet animal pullule

beaucoup, et se creuse des terriers profonds où il habite
en commun ; les femelles en font de particuliers, que
l'on appelle rabouillères, où elles déposent leurs petits.
Ces rabouillères sont placées au loin dans les champs,
afin de les soustraire à la voracité des mâles, qui tuent
les lapereaux quand ils les trouvent. Chez M. de Balloy,
à Balloy, nous tuons quelquefois des Lapins dont la
fourrure, jaune partout, est beaucoup plus claire que
celle des Lièvres. Ce n'est pas du reste le seul endroit
où existe cette variété ; chez le duc de Mortemart, à
Néaufle, on en trouve aussi. Le Lapin est, dit-on, originaire d'Espagne.

(Le cinquième Ordre des Edentés, comprenant les Pa-
resseux, les Fourmiliers, ne se trouve pas en Europe ;
ces animaux viennent de l'Amérique.)

Sixième Ordre. — Les **PACHYDERMES.**

Genre *Sus.*

Le Sanglier (*Sus scrofa*, Linn.) était très-commun
dans la forêt de Fontainebleau, ou l'en en trouve beaucoup moins depuis les destructions de 1830 et de 1848.
Les grands bois du côté de Lumigny et la forêt de Valence en nourrissent un assez grand nombre. Tout le
monde sait du reste que le Sanglier est un animal voya-
geur et qu'il abandonne très-souvent, sans qu'on sache
pourquoi, un canton qui lui plaisait depuis de longues
années.

Septième Ordre. — Les **RUMINANTS.**

Genre *Cervus.*

Le Cerf (*Cervus elaphus*, Linn.) était fort commun
dans la forêt de Fontainebleau, d'où il se répandait

dans les bois des environs. On l'a si bien détruit en 1830 et en 1848, que c'est à peine si on en trouve maintenant. Une remarque assez singulière c'est que plus les Cerfs vivent dans un pays humide et plus leurs bois sont grands et beaux ; ceux des pays secs et pierreux ont, au contraire, des bois très-petits.

Le Daim (*Cervus dama*, Linn.). Originaire de Barbarie, il se trouvait en assez grand nombre à Fontainebleau, où on l'élevait pour les plaisirs des princes, car, quoique acclimaté, ce n'est pas un animal tout à fait indigène, comme le lapin par exemple. Maintenant, j'en suis à douter que l'on trouve encore des Daims dans le département, ailleurs que dans des parcs où ils vivent dans une demi-domesticité.

Le Chevreuil (*Cervus capriolus*, Linn.). Commun dans les grands bois taillis, on le trouve dans toutes les parties du département. Au printemps, le Chevreuil, enivré par le bourgeon qu'il mange alors en grande quantité, quitte quelquefois les bois, s'égare dans les plaines jusque dans le milieu des villages, où on le tue souvent, car alors il a perdu toute sa méfiance naturelle et se laisse approcher assez facilement. La chair du Chevreuil est très-estimée, mais sa peau ne vaut rien.

Dans l'exposé méthodique des oiseaux de notre département, nous suivrons le système de Temminck, le plus généralement adopté, ce qui n'est qu'une justice rendue à son excellent ouvrage sur les Oiseaux d'Europe. Mais, considérant la classe d'êtres qui va nous occuper sous un autre point de vue que l'enchaînement des espèces, je les distribuerai d'abord en plusieurs catégories, d'après leurs habitudes.

1° Nous verrons les oiseaux sédentaires, ou qui ne nous abandonnent pas en totalité ;

2° Ceux qui arrivent pour nicher, et nous restent toute la belle saison ;

3° Le troisième tableau nous présentera ceux qui ne font que traverser notre département pour se rendre des régions du cercle polaire, où ils se propagent, jusqu'en Afrique, où ils passent l'hiver ;

4° Enfin, une dernière catégorie renfermera les noms de ceux des oiseaux dont l'apparition tout à fait accidentelle est due à des causes imprévues.

C'est peut-être ici le lieu de donner quelques détails abrégés sur ces migrations périodiques, si admirables par leur régularité, qu'il semble voir la main du Créateur, guidant chaque espèce dans la voie qu'il lui a tracée, la faire partir à jour fixe et passer aux mêmes époques juste au-dessus des mêmes lieux, des mêmes forêts, des mêmes étangs : ou sur ces apparitions accidentelles auxquelles on ne peut souvent assigner aucune cause appréciable.

De tout temps l'homme a été frappé par ces immenses bandes triangulaires d'oiseaux voyageurs qui, à certaines époques de l'année, traversent les airs : ce sont des Oies, des Cygnes, des Cigognes et des Grues, dont les voix rauques se font entendre de très-loin pendant le jour, ou viennent troubler le silence des nuits. Aux mêmes époques, d'innombrables volées de Canards de toutes les espèces suivent la grande impulsion donnée par la nature ; moins bruyants que les premiers, leurs cris ne percent pas les nues : quand ils volent, en effet, et sont en voyage, ils s'invitent à continuer leur course par un certain claquement d'aile sec et bien connu des chasseurs ; car, lorsque dans une bande l'un d'entre eux en fait entendre un semblable de temps en temps, la chasse est perdue, les Canards ne viendront pas aux appelants ; on peut être sûr que la glace les pousse, et qu'ils ont hâte d'aller au loin chercher des climats plus doux. C'est la gelée, en effet, comme tout le monde le sait, qui force les oiseaux d'eau et les Échassiers à quitter les latitudes élevées pour se rapprocher des tropiques, où l'eau et la vase, en restant toujours liquides, leur permet de pourvoir à leur nourriture, ce qui fait qu'en automne comme au printemps, pendant que les rivières et les étangs sont couverts de Palmipèdes, les marais et les prairies sont remplis de Pluviers, de Vanneaux, de Bécassines et de toutes sortes d'Echassiers grands et petits.

Les auteurs ont indiqué toutes ces causes, et Temminck a même tracé quelques-unes des principales routes suivies par ces migrations emplumées. Mais ce que je n'ai pas encore vu expliquer, c'est un fait très-commun, car il se présente sans cesse quand on traite des Palmipèdes et des Échassiers : « De passage en automne le long des bords de la mer, et au printemps dans l'intérieur des terres, sur les rivières, les lacs et les étangs. » — La raison en est pourtant bien simple : une partie des Canards et des Échassiers quittent le nord pendant le mois de septembre, qui est celui où les eaux sont les plus basses, où les marais sont en partie desséchés, où les rivières sont presque à sec; il est tout simple qu'alors ces animaux suivent les bords de l'Océan, dont les plages, sans cesse découvertes et recouvertes par la marée, leur offre une abondante nourriture. Au printemps, au contraire, leur retour a lieu en mars et avril, époque où les neiges et les pluies d'hiver ont rempli tous les bassins. humecté toutes les prairies, grossi tous les fleuves : l'abondance d'eau et de terres humides les invite à s'écarter des bords de la mer, où ils avaient été confinés par la sécheresse, et à pénétrer dans l'intérieur des terres, où ils trouveront aussi amplement à manger. L'abondance des passages dépend alors de la plus ou moins grande humidité de l'hiver.

Un grand nombre d'oiseaux de proie s'acharnent à la poursuite des animaux dont nous venons de parler. et les suivent dans leurs longs voyages, ce qui explique leurs apparitions aux mêmes époques dans nos contrées. D'autres, tels que les Buses, se nourrissent en grande partie d'insectes et de reptiles qui, disparaissant pendant l'hiver, les obligent à aller chercher des régions plus chaudes ; et la nature prévoyante leur a préparé d'avance le long de leurs routes des étapes régulières dans lesquelles ils peuvent se reposer et se repaître sur terre comme les oiseaux d'eau le font sur certains lacs ou dans certains étangs régulièrement visités aux doubles passages par les mêmes espèces. C'est ainsi que les Buses et les Milans descendent chaque année dans nos grandes plaines, où ils chassent à leur aise et pourvoient facilement à leur nourriture.

L'intensité plus ou moins grande du froid doit donc avoir une grande influence sur les passages des genres que nous avons indiqués. Aussi certaines espèces de Canards ou d'Oies ne se montrent-elles que dans des années très-rigoureuses, tandis qu'en temps ordinaire elles restent dans des latitudes plus élevées et ne poussent pas leurs migrations jusque chez nous. Il n'en est pas de même de la chaleur, qui au printemps fait revenir les Cailles, les Becs-fins et une foule de charmants oiseaux : on ne remarque pas, en effet, qu'un été brûlant amène des espèces extraordinaires. Ce fait est encore très-facile à expliquer : les grandes chaleurs ne se font guère sentir qu'en juin, juillet et août, temps des pontes, de l'éducation des petits, époque à laquelle les jeunes sont trop faibles pour changer de pays, et où, par conséquent, les vieux sont retenus par les soins qu'ils doivent à leurs couvées.

Dès les premiers beaux jours du printemps, les Insectivores que les gelées de l'automne ont fait fuir en détruisant les insectes dont ils font leur nourriture reviennent au milieu de nous : quelques espèces précoces, telles que la Gorge bleue, commencent à paraître du 15 au 20 mars ; leur passage alors ne s'effectue pas dans les bois secs et élevés où la végétation n'a pas encore fait le moindre progrès, mais le long des rivières et dans les oseraies, où ils trouvent des éphémères et une foule de petits vers apparaissant en même temps que les premiers bourgeons qui, chez les sauls, commencent à verdir bien avant tous les autres arbres. Ce n'est que plus tard, quand les bois durs montreront les pointes de leurs feuilles, que cette foule de Fauvettes et d'oiseaux chanteurs viendront animer les solitudes des forêts de leurs concerts variés.

Quant aux passages accidentels ou irréguliers, il est souvent très-difficile d'en donner la véritable raison; mais on peut les rapporter, je crois, à deux causes principales, l'action des vents et la disette. Si pendant leurs voyages, en effet, les oiseaux sont assaillis par de violents coups de vent, ils sont très-facilement entraînés hors de leur route. Cela arrive même aux oiseaux sédentaires tels que les Pinsons, les Mésanges, que les marins trouvent quelquefois à quinze ou vingt lieues des terres arrachées de la côte à la suite des mauvais temps; mais ces espèces, dont le vol est borné, ne vont pas loin, elles tombent et périssent bientôt dans la mer. Il n'en est pas de même des oiseaux Pélagiens, ou de ceux que la nature a doué d'ailes puissantes, car ils fuient alors devant la tempête, et arrivent quelquefois des rivages de l'Amérique aux côtes de l'Europe. Je donnerai pour exemple ces apparitions subites du Stercoraire des rochers, qui envahit tout d'un coup nos rades à la suite des grandes tempêtes, s'y montre quelquefois deux ou trois jours, et, au retour du calme, disparaît comme il était venu.

L'absence de nourriture est, comme je l'ai déjà dit ailleurs en expliquant la cause des passages des Cassenoix, des Bec-croisés et du Jaseur, le principal agent des migrations, et quand tel insecte, telle graine, tel fruit a manqué dans un pays, on voit les oiseaux qui s'en nourrissent se répandre au loin pour chercher à vivre; mais, dès qu'une nouvelle récolte leur permet d'y retourner, ils regagnent les pays qui les ont vu naître, et ne les quittent plus jusqu'à ce qu'une nouvelle disette vienne les en chasser. De là les divers intervalles qui séparent les migrations de quelques-uns des oiseaux qui nous visitent irrégulièrement.

Enfin, je ne parlerai ici que pour mémoire des oiseaux erratiques qui, suivant l'influence des saisons, abandonnent telle ou telle localité pour en choisir d'autres mieux appropriées à leurs besoins. De ce nombre sont les Hérons gris, animaux cosmopolites; ils quittent en hiver les étangs et les marais gelés pour les rivières vives et les sources chaudes, sans pour cela émigrer au loin. Seulement ces mouvements font qu'on en voit davantage à certaines époques que dans le reste de l'année. Ces faits sont trop connus pour nous arrêter plus longtemps.

Oiseaux sédentaires (ou qui ne nous abandonnent pas en totalité).

Faucon cresserelle.	Gros-Bec verdier.
Epervier.	— moineau.
Buse ordinaire.	— friquet.
Hibou moyen duc.	— pinson.
Chouette effraie.	— linotte.
Corneille noire.	— chardonneret.
Choucas.	Pic vert.
Pie.	— epeiche.
Geais.	— epeichette.
Etourneau.	Sitelle torchepot.
Pie-grièche grise.	Grimpereau familier.
Merle draine.	Martin-Pêcheur vulgaire.
— noir.	Colombe ramier.
Bec-fin rouge-gorge.	— colombin.
Troglodyte.	Faisan ordinaire.
Alouette des champs.	Perdrix rouge.
— cochevis.	— grise.
Mésange charbonnière.	Vanneau huppé.
— petite charbonnière.	Héron cendré.
— nonnette.	Bécassine ordinaire.
— bleue.	Poule d'eau ordinaire.
— huppée.	Râle d'eau vulgaire.
— à longue queue.	Grèbe castagneux.
Bruant jaune.	Foulque macroule.
Bouvreuil ordinaire.	Canard sauvage.
Gros-Bec vulgaire.	Sarcelle d'hiver.

52 espèces.

Il est nécessaire de faire remarquer que parmi ces espèces sédentaires les unes deviennent fort rares à certaines époques : ainsi, le Canard sauvage, la Sarcelle d'hiver et la Buse ordinaire ne nichent ici qu'en nombre infiniment petit, eu égard au gros des espèces qui se retirent dans le nord, d'où elles se répandent en fort grand nombre dans toute la France et la plus grande partie de l'Europe ; ces espèces seraient donc peut-être mieux placées dans la catégorie des oiseaux de passage, les individus qui nous restent n'étant que de vraies exceptions. Il en serait de même pour la Bécassine ordinaire, le Vanneau huppé et plusieurs autres. L'Étourneau vulgaire et le Merle draine, au contraire, sont très-peu nombreux dans les grands froids, tandis qu'ils sont très-communs pendant la belle saison. Du reste, si le plus grand nombre des individus de ces genres nous quittent, ce n'est que pour bien peu de temps.

Oiseaux qui viennent nicher.

Faucon hobereau.	Bec-fin grisette.
Aigle balbuzard.	— babillard.
Autour.	— de muraille.
Milan royal.	— à poitrine jaune.
Buse bondrée.	— pouillot.
Buzard des marais.	— véloce.
— Saint-Martin.	— natterer.
Chouette hulotte.	Accenteur mouchet.
— chevêche.	Traquet motteux.
Hibou petit-duc.	— tarier.
Loriot.	— rubicole.
Pie-grièche rousse.	Bergeronnette grise.
— à poitrine rose.	— printannière.
— écorcheur.	Pitpit farlouse.
Gobe-mouche gris.	— rousseline.
— bec-figue.	— des buissons.
Merle grive.	Alouette calandrelle.
Bec-fin rousserolle.	— lulu.
— locustelle.	Bruant proyer.
— phragmite.	— de roseau.
— efarvatte.	— ortolan.
— rossignol.	— zizi.
— à tête noire.	Coucou gris.
— fauvette.	Torcol ordinaire.

Huppe.
Hirondelle de cheminée.
— de fenêtre.
— de rivages.
Martinet de murailles.
Colombe tourterelle.
Caille.
Engoulevent.
Œdicnème criard.
Petit Pluvier à collier.
Héron Blongios.
Chevalier cul-blanc.
— guignette.
Poule d'eau de genest.
— marouette.

63 espèces.

Oiseaux de doubles passages.

Faucon pèlerin.
— émerillon.
Hibou brachiote.
Corneille mantelée.
— freux.
Merle litorne.
— mauvis.
— à plastron.
Bec-fin gorge bleue.
Roitelet triple bandeau.
Roitelet ordinaire.
Bergeronnette jaune.
— flavéole.
Pitpit spioncelle.
Gros-bec tarin.
— sizerin.
Outarde cannepetière.
Pluvier doré.
Grue cendrée.
Cigogne blanche.
Héron grand butor.
Chevalier paon de mer.
— aboyeur.
— gambette.
Barge à queue noire.
Bécasseau brunette.
— échasse.
Bécasse vulgaire.
Bécassine sourde.
Grèbe huppé.
— oreillard.
Oie sauvage.
— rieuse.
Canard chipeau.
— pilet.
— siffleur.
— sarcelle d'été.
— souchet.
— milouin.
— morillon.
— garrot.
Harle piette.

42 espèces.

Oiseaux qui ne nous visitent que rarement ou accidentellement.

Aigle royal.
Busard montagu.
Hibou grand-duc.
Casse-noix.
Jaseur de Bohême.
Gobe-mouche à collier.
Bec-fin rouge queue.
Bec croisé des pins.
Gros-bec soulcie.
Pic mar.
Tichodrome echelette.
Outarde barbue
Cigogne noire.
Héron bihoreau.
Spatule blanche.
Avocesse à nuque noire.
Courlis cendré.
Bécasseau cocorli.
Bécassine double
Poule d'eau poussin.
Hirondelle de mer Pierre garin.
— épouvantail.
Mouette rieuse.
— tridactyle.
Stercoraire pomarin.
Oie cendrée.
— égyptienne.
Cygne sauvage.
Canard nyroca.
Harle grand.
— huppé.
Grand cormoran.
Plongeon lume.
— catmarin.

34 espèces.

La récapitulation de ces quatre tableaux présente 191 espèces pour le département, dont 115 nichent, et 34 ne sont que de passage plus ou moins accidentel. — Cette répartition des espèces ne peut jamais être absolue et ne doit servir qu'à donner une idée des séjours des oiseaux dans nos localités.

Premier Ordre. — Les **RAPACES.**

Première section. — Les Faucons.

Genre *Falco*.

Faucon pèlerin (*Falco peregrinus*, Linn.). Il n'est guère de passage chez nous qu'en automne, dans les mois de septembre, octobre et novembre. Cet oiseau, toujours rare et solitaire, niche dans les parties montagneuses de l'Europe. On s'en servait beaucoup en fauconnerie pour chasser le lièvre et la perdrix.

Faucon hobereau (*Falco subbuteo*, Lath.). Il est peu commun, et suit souvent les chasseurs pour prendre les Alouettes que le chien fait envoler devant eux : son vol est extrêmement rapide; c'est en automne qu'on le rencontre le plus souvent.

Faucon cresserelle (*Falco tinnunculus*, Linn.). Connu vulgairement sous le nom d'Émouchet, que l'on donne en général à tous les petits oiseaux de proie. Très-commun en toute saison dans nos plaines ; niche dans des trous de murs élevés. C'est un oiseau difficile à approcher, comme la plupart des oiseaux rapaces.

Faucon émérillon (*Falco æsalon*, Tem.). Le vieux est très-rare ; le jeune se rencontre plus souvent, mais toujours en petit nombre, à la fin de l'automne. L'été, l'Émérillon habite la Suède, la Norvège, et tout le nord.

Seconde section. — Les Aigles.

Aigle royal (*Falco fulvus*, Linn.). C'est un oiseau fort rare dans notre département ; il paraît ne s'y trouver que tout à fait accidentellement. Plusieurs individus ont été tués dans la forêt de Fontainebleau ; l'un d'eux a été pris dans un piége à renard par le garde de Franchard. Il était sans doute beaucoup plus commun dans le moyen âge, quand tout le pays était couvert de forêts.

Aigle balbuzard (*Falco haliœtus*, Linn.). Facile à reconnaître, même de loin, parce qu'il suit le bord des rivières et des étangs, où il plonge souvent pour prendre le poisson, qui forme le fond de sa nourriture. Il est assez rare l'été et l'automne, seule époque de l'année où nous le rencontrions.

Troisième section. — Les Autours.

L'Autour (*Falco palombarius*, Linn.) niche habituellement dans la forêt de Fontainebleau, sur les arbres les plus élevés. J'en possède un jeune qui a été pris dans un nid, en 1850. L'Autour se nourrit de pigeons, d'oiseaux de basse cour, de lapins, etc. On dit que l'été il vit plutôt dans le nord, et l'hiver dans le midi ; en fauconnerie, il était classé parmi les oiseaux de bas vol.

L'Épervier (*Falco nisus*, Linn.). Très-commun, surtout à la lisière des bois. Il couche sur les basses branches des taillis élevés à huit ou dix pieds de terre, et est très-facile à tuer quand il est couché, car il ne s'envole guère malgré le bruit que l'on fait autour de lui.

Quatrième section. — Les Milans.

Le Milan royal (*Falco milvus*, Linn.). Le Milan se distingue à la première vue des Buses par sa queue profondément fourchue. Je pense qu'il en niche quelques-uns dans nos forêts, car j'en vois tous les étés, quoiqu'il se montre plus souvent au moment du passage des Buses avec lesquelles il voyage en septembre et octobre.

Cinquième section. — Les Buses.

Buse commune (*Falco buteo*, Linn.). Leur plumage varie à l'infini; sur deux cents Buses, on n'en trouverait peut-être pas quatre pareilles. C'est le plus commun de nos oiseaux de proie. Pendant son passage d'automne, on en voit quelquefois vingt ou trente planer au-dessus des grandes plaines découvertes, où elles chassent les campagnols, les taupes, les lézards et les autres petits animaux. Dans les localités boisées, au contraire, elles passent à des hauteurs énormes et ne s'y arrêtent jamais. Leurs passages ont lieu à la mi-septembre et dans le courant d'avril.

Buse bondrée (*Falco apivorus*, Linn.). Niche chaque année sur les grands arbres de la forêt de Fontainebleau, tandis que je n'ai jamais vu la Buse ordinaire y faire ses œufs. La bondrée, que l'on tue quelquefois au moment du passage des autres Buses, quoique beaucoup plus rarement, est, dit-on, plus commune en Orient que dans nos parages. Elle se reconnaît à ses joues couvertes, ainsi que son front, de petites plumes grises couleur de pigeon.

Sixième section. — Les Busards.

Busard des marais (*Falco rufus*, Linn.). C'est la Harpaye de Buffon. Il est assez commun pendant toute la belle saison dans les marais et sur le bord de nos rivières dans les endroits boisés que l'on appelle accrues, où il niche dans les fourés et presque à terre.

Busard Saint-Martin (*Falco cyaneus*, Monta.). Le jeune et la femelle de cet oiseau sont décrits sous le nom de

Sous-Buse : il se trouve dans nos plaines pendant le printemps; l'été et l'automne, quelques-uns même n'émigrent peut-être pas, car j'en ai tué un jeune à la fin de décembre. Le vieux mâle, connu dans certains cantons sous le nom de Buse blanche, a tout le dessus du corps gris clair comme les Mouettes, les grandes pennes des ailes noires et les parties inférieures d'un blanc pur. On peut distinguer les jeunes et les femelles, même au vol, à l'anneau blanc qui entoure leur croupion, mais ils ne ressemblent nullement au mâle adulte, et l'on comprend facilement qu'on les ait pris longtemps pour deux espèces différentes. Il niche à terre.

Busard montagu (*Falco cineraceus*, Monta.). Ressemble beaucoup au précédent, dont il diffère par des stries brunes sur le fond blanc du ventre. Le gris du dos du mâle est beaucoup plus foncé que dans le Saint-Martin. Les jeunes et les femelles sont très-faciles à confondre. Le Busard montagu, habitant des parties orientales de l'Europe, ne nous vient pas tous les ans. Je crois que cependant il niche quelquefois dans nos marais; car j'en ai vu tuer un adulte en pleine mue, à la fin de juillet, près de la forêt de Fontainebleau. Celui que je possède a été tué à Balloy, au printemps.

Deuxième famille. — Les Nocturnes.

Première section. — Chouettes proprement dites.

Chouette hulotte (*Strix aluco*, Mey.). Ne se trouve que dans les grandes forêts, à Fontainebleau, où elle n'est pas très-commune ; elle y niche dès le commencement de mars. Il paraît que cet oiseau nous quitte pendant le plus fort de l'hiver.

Chouette effraie (*Strix flammea*, Linn.). Cette Chouette sédentaire niche dans les masures, les clochers, les vieilles tours ou les greniers des vieux châteaux. On l'appelle l'oiseau de la mort : elle fait plus de bien que de mal, en détruisant une grande quantité de souris et de rats. L'effraie est très-commune partout.

Chouette chevèche (*Strix passerina*, Gmel.). Nous visite l'été, niche dans les trous des vieux arbres ; l'espèce passe l'hiver en Égypte, où elle est extrêmement commune dans cette saison dans le Delta et la moyenne Égypte, qui m'a paru le terme de ses migrations, car une fois dans le Saïd je ne l'ai plus revue ; elle n'existe pas non plus en Nubie. Pendant l'été, la chevèche n'est pas rare dans notre département, que quelques individus ne quittent pas, je suppose, pendant l'hiver, puisque j'en ai tué en décembre, janvier et février.

Deuxième section. — Les HIBOUX.

Hibou Grand-Duc (*Strix bubo*, Linn.). On l'a tué quelquefois dans la forêt de Fontainebleau, et j'en ai vu un qui avait été pris au piége. M. Ray dit qu'il niche dans la Haute-Marne. Dans tous les cas, il est fort rare, et je ne le crois que de passage très-accidentel dans le département de Seine-et-Marne.

Hibou brachiote (*Strix brachyotos*, Lath.). C'est la Chouette de Buffon. Il opère son passage assez régulièrement au mois de septembre et d'octobre ; on le trouve dans les champs, dans les vignes. Depuis quelques années j'en vois beaucoup moins. Il était extrêmement commun en 1836 et 1837. Ce Hibou, qui habite le nord, paraît y voir un peu mieux que les autres pendant le jour.

Hibou Moyen-Duc (*Strix otus*, Linn.). On ne le voit guère l'été, quoiqu'il niche dans nos bois dès le mois de mars ; en novembre et décembre, il se montre dans les bois en troupe de dix ou quinze. J'ai rencontré ce Hibou jusqu'à Maharrakah, en Nubie : Maharrakah est situé sous le tropique ; celui que j'ai tué habitait le temple que nous avions été voir dans cette localité.

Hibou scops (*Strix scops*, Linn.). Ce joli Hibou est le plus petit que nous ayons. Il vient tous les étés nicher dans nos parcs et dans nos bois, où on l'entend le soir, quand il fait calme et chaud, répéter son mélancolique, *tiùt, tiût*. Il n'est pas rare, mais très-difficile à approcher.

Deuxième Ordre. — Les **OMNIVORES**.
Genre *Corvus*.

Corneille noire (*Corvus corone*, Linn.). Connue à tort sous le nom de Corbeau, elle est moins grosse que ce dernier. La Corneille niche dans nos bois; nous la trouvons dans toute les saisons, tandis que je n'ai jamais vu le vrai Corbeau dans notre département.

Corneille mantelée (*Corvus cornix*, Linn.). Elle passe en bandes peu nombreuses dans nos campagnes, où on en voit tous les hivers; souvent quelques individus se trouvent mêlés aux autres troupes de Corneilles, soit de *frugilegus*, soit de *corone*. La Corneille mantelée aime les bords de la mer : comme la majeure partie des Corneilles, elle niche dans le nord. Je n'en ai pas vu beaucoup en Suède ni en Norvége, mais les environs de Saint-Pétersbourg en sont remplis pendant l'été, et, avec le Choucas, ce sont les oiseaux les plus communs.

Corbeau freux (*Corvus frugilegus*, Linn.). Le fort de l'espèce ne niche pas chez nous; c'est en Angleterre que le freux va faire sa ponte. Il se distingue de la Corneille noire par son bec, déplumé jusqu'à la hauteur des yeux, ce qui n'existe jamais dans les individus du *Corvus corone*. Cet oiseau nous arrive avec le mois de novembre, et il envahit nos plaines lorsqu'elles sont détrempées par les pluies de l'automne; alors il peut enfoncer son bec dans la terre pour y chercher les vers dont il se nourrit en grande partie, tandis qu'en été la sécheresse lui interdit cette ressource. L'Angleterre, au contraire, sans cesse arrosée par des pluies quotidiennes, lui offre une subsistance assurée pendant toute la belle saison : aussi le freux y retourne-t-il à la fin de mars. Il en reste quelquefois chez nous, et depuis 1350 quelques paires nichent chaque année sur les grands arbres du parc de Balloy, en compagnie des Corneilles noires et des Choucas. L'habitude qu'ont les freux de fouiller en terre détruit et empêche de repousser les plumes de la face, mais les jeunes oiseaux, au sortir du nid, ont toutes leurs plumes. C'est un fait que j'ai été à même de vérifier dans les environs de Londres.

Corbeau choucas (*Corvus monedula*, Linn.). Niche dans les trous des vieux arbres, dans les tours et les clochers des églises dans le milieu des villes, se répand l'hiver dans les campagnes et se mêle aux oiseaux du même genre.

Genre *Pica*.

Première section. — Les PIES.

La Pie (*Corvus pica*, Linn.). Très-commune et connue de tout le monde, la Pie est un oiseau sédentaire, qui ne se trouve jamais dans les pays de hautes montagnes; ainsi c'est en vain qu'on en chercherait dans l'Oberlan bernois, et, si l'on en trouvait une par hasard, ce serait un oiseau egaré.

Deuxième section. — Les GEAIS.

Geai glandivore (*Corvus glandarius*, Linn.). Aussi connu, aussi commun que la Pie, et sédentaire comme elle, le Geai est très-abondant au pied des montagnes de toute la Suisse, et habite en grand nombre les bords du lac de Brientz, où la Pie ne se montre pas.

Genre *Nucifraga*.

Le Casse-noix (*Nucifraga caryocatactes*, Briss.). Je n'ai rencontré le Casse-noix qu'une seule fois dans le département, à Motteux, à une demi-lieue de Montereau, au mois de septembre 1847. C'est dans les hautes montagnes de la Suisse qu'il habite ordinairement. Il est aussi commun en Suède et en Norvège. J'en ai tué souvent dans ces différents pays, où ils sont très-farouches; celui que j'ai trouvé à Motteux, épuisé sans doute par la fatigue et la faim, s'est, au contraire, laissé approcher de manière à le prendre presque à la main. Egaré sans doute, cet oiseau ne se montre qu'accidentellement ici (1).

Genre *Bombycivora*.

Le Jaseur de Bohême (*Bombycivora garrula*, Temm.). Je ne l'ai pas encore tué dans Seine-et-Marne; j'ai rapporté celui que je possède des frontières de la Bohême. Mais comme les Jaseurs se montrent dans les grands hivers dans tous les environs de Paris, il m'est impossible de croire qu'il ne se trouve pas aussi de passage accidentel dans nos limites géographiques.

Genre *Oriolus*.

Loriot vulgaire (*Oriolus galbula*, Linn.). L'un de nos plus beaux oiseaux, arrive à la fin d'avril, reste pendant l'été, repart en septembre pour le nord de l'Afrique, où il passe l'hiver. Je ne l'ai jamais vu en Égypte.

(1) Pour avoir de plus amples détails sur l'anatomie des Cassenoix, et les causes de leurs migrations, voir la note que j'ai présentée à l'Institut le 2 mai 1853.

Il faut trois ou quatre ans pour que le plumage du Loriot ait atteint toute sa beauté et son éclat.

Genre *Sturnus*.

L'Étourneau vulgaire (*Sturnus vulgaris*. Linn.), ou le Sansonnet, niche dans les trous des arbres ou des murs ; on le voit, l'automne, rassemblé en bandes immenses dans les prés et dans les champs.

Troisième ordre. — Les **INSECTIVORES.**

Genre *Lanius*.

La Pie-grièche grise (*Lanius excubitor*, Linn.). C'est la moins commune de nos Pies-grièches, et la seule qui nous reste l'hiver, en bien petit nombre à la vérité. Il est facile de la confondre avec la suivante, quand on la voit de loin. L'été, elle habite les bois; l'hiver, elle vient dans les plaines et s'approche des habitations.

La Pie-grièche à poitrine rose (*Lanius minor*, Linn.) arrive au commencement du printemps pour faire son nid dans les peupliers répandus dans les prés ; elle est très-commune jusqu'à l'automne, époque où elle nous quitte pour des climats plus doux. On la distingue de la précédente par la teinte rosée de sa poitrine et par la bande noire qui lui passe sur le front.

La Pie-grièche rousse (*Lanius rufus*, Briss.), assez commune en été, se trouve sur le bord des chemins, dans les parcs, les jardins; elle émigre de bonne heure.

La Pie-grièche écorcheur (*Lanius collurio*, Briss.), très-commune tout l'été, se trouve particulièrement sur ᵛles haies, où l'on sait qu'elle a la singulière habitude d'enfiler les sauterelles dans des épines. C'est la plus petite de nos Pies-grièches.

Genre *Muscicapa*.

Gobe-Mouche gris (*Muscicapa grisola*, Lath.). Très-commun tout l'été, niche le long des troncs d'arbres, quelquefois dans les treillages et les espaliers. Il arrive en avril, repart en automne.

Gobe-Mouche à collier (*Muscicapa albicollis*, Tem.). Je ne l'ai jamais rencontré dans le département qu'en plumage d'hiver à son passage d'automne. M. Ray dit l'avoir vu en noce dans le département de l'Aube. Je l'ai tué dans ce plumage aux environs de Ratisbonne (Bavière). Depuis, j'en ai vu un individu en plumage parfait de noces dans la collection de M. Chouvin, qui avait réuni avec grand soin tous les animaux de la forêt de Fontainebleau. Dans tous les cas, cet oiseau, s'il nous visite régulièrement, est très-rare.

Gobe-Mouche bec-figue (*Muscicapa luctuosa*, Tem.). Assez rare dans les petits bois à son passage de printemps, qui a lieu à la fin d'avril ou tout au commencement de mai. Ce passage ne dure pas longtemps, et s'effectue par petites bandes de quatre ou cinq individus. Le Gobe-Mouche bec-figue niche tous les ans dans les hautes futaies de la forêt de Fontainebleau, entre autres dans celle qui est au-dessus de la gorge aux Loups. Il émigre en automne, vers le 20 septembre, de même que le précédent.

Genre *Turdus*.

Merle draine (*Turdus viscivorus*, Linn.), vulgairement *Tiatia* : ne vaut rien à manger ; il en reste presque toujours quelques paires pendant l'hiver, mais elle est fort commune tout l'été. La draine niche dès le mois de mars et fait plus tard une seconde ponte. Son nid est établi à l'aisselle des grosses branches. De même que la Grive de vigne, la draine voyage par paires ou par petites familles.

Merle litorne (*Turdus pilaris*, Linn.). C'est la meilleure de nos Grives et la plus grosse avec la précédente : cette espèce ne paraît qu'à la fin de l'automne ; elle se répand alors en grandes bandes dans les arbres des prairies, vient moins dans les bois que la draine, repart en mars pour le nord, où elle fait ses couvées.

Merle grive (*Turdus musicus*, Linn.). C'est la Grive de vigne ; elle niche en petit nombre dans nos bois, et disparaît pendant l'hiver ; mais elle est fort commune à l'automne pendant le passage. Cet oiseau, très-estimé en Bourgogne, en Provence et dans beaucoup d'autres pays, ne vaut rien dans le nôtre ; quoiqu'il se gorge de raisin, il n'en reste pas moins dur et amer.

Merle mauvis (*Turdus iliacus*, Linn.). De passage en automne et au printemps, cette espèce habite le nord de l'Europe et la Sibérie ; elle voyage en grandes bandes comme la Litorne, paraît dans nos contrées après la Grive de vigne et avant le *Turdus pilaris*, qui de toutes les Grives nous arrive la dernière.

Merle noir (*Turdus merula*, Linn.). Sédentaire dans les bois et les jardins, fait deux pontes, dont l'une de très-bonne heure, au printemps.

Merle à plastron (*Turdus torquatus*, Linn.). D'un noir moins foncé que le Merle noir, il a un grand plastron blanc sur la poitrine. Je ne l'ai jamais vu qu'à l'automne, au mois de novembre. Son passage de printemps aurait lieu, selon M. Ray, en mars, et, selon M. Degland, en fin avril ou au commencement de mai. Quoi qu'il en soit, ce Merle habite le nord ou les hautes montagnes du centre de l'Europe, et voyage, comme la Grive de vigne et la Draine, par paires ou par petites bandes ; mais il il ne se montre pas tous les ans, et est assez rare.

Genre *Sylvia*.

Première section. — Les Riverains.

Bec-fin Rousserolle (*Sylvia turdoides*, Mey.). Peu commun dans les marais et les endroits où il y a des roseaux le long des rivières. C'est le plus grand de nos Becs-fins. Son chant, plus fort, ressemble beaucoup à celui de l'Efarvatte, et son nid est construit de même.

Bec-fin locustelle (*Sylvia locustella*, Lath.). Cet oiseau, très-rare dans notre département, se reconnaît à sa gorge grivelée, et surtout à sa queue très-étagée, car les vieux n'ont presque pas de taches à la gorge. La Locustelle se tient toujours dans les buissons les plus épais ; elle n'est pas farouche, on a beaucoup de peine à la découvrir parce qu'elle ne quitte qu'à regret les broussailles, où elle se cache. Je ne l'ai rencontrée qu'une seule fois, le 19 septembre 1850. C'était dans le parc de Misy. Il serait possible que la Locustelle fût réellement moins rare qu'elle ne le paraît, et que la difficulté de trouver ce petit oiseau fût pour beaucoup dans le fait de sa rareté.

Bec-fin éfarvatte ou de roseaux (*Sylvia arundinacea*, Lath.). Fait retentir les oseraies et les jonchaies des bords de nos rivières de son chant éclatant. Elle est très-commune dans tous les endroits humides. On la trouve aussi, quoique moins souvent, dans les jardins. Moitié moins grosse que la Turdoïde, elle lui ressemble beaucoup. Comme elle, elle attache son nid à trois ou quatre roseaux, et le place à une certaine hauteur au-dessus de l'eau.

Bec-fin phragmite (*Sylvia phragmitis*, Bescht.). Très-commun dans les marais et les oseraies, le long des bords de nos rivières, où il chante sans discontinuer.

Arrive vers le milieu d'avril, repart de très-bonne heure.

Deuxième section. — Les Sylvains.

Bec-fin rossignol (*Sylvia luscinia*, Lath.). Arrive à la fin d'avril. Très-commun dans les parcs, les jardins, les petits bois. Il cesse de chanter à la Saint-Jean.

Bec-fin à tête noire (*Sylvia atricapilla*, Lath.). La femelle a la tête rousse. Arrive en avril, et se trouve en grand nombre dans les jardins.

Bec-fin fauvette (*Sylvia hortensis*, Bescht.). Habite les mêmes endroits que la précédente. Son chant est aussi agréable que celui de l'*Atricapilla*, et elle n'est pas moins commune.

Bec-fin grisette (*Sylvia cinerea*, Lath.). Cette Fauvette arrive en avril, repart en septembre, époque à laquelle il en passe énormément. Elle est très-commune dans les haies et les buissons, en plaine ainsi qu'à la lisière des bois; niche dans les buissons.

Bec-fin babillard (*Sylvia curruca*, Lath.). De passage à la fin d'avril, pendant la floraison des arbres fruitiers, se tient autour de ces arbres pour attraper les insectes qui s'y trouvent. Niche quelquefois dans nos jardins, où elle ne se montre jamais en grand nombre, et est toujours rare dans notre département.

Bec-fin rouge-gorge (*Sylvia rubecula*, Lath.). C'est le seul de nos Becs-fins dont il nous reste quelques individus en hiver. Tous les autres oiseaux de ce genre sont de passage. Ils nous viennent plus ou moins tard au printemps (mars et avril). Nichent dans nos bois, nos parcs, nos jardins, et repartent en septembre et octobre. La plus grande partie des Rouge-gorges ne séjourne pas en France l'hiver, mais va hiverner plus au sud. Ceux qui passent l'hiver avec nous se rapprochent alors des maisons, et sont de moins en moins farouches. Le moment où l'on en voit le plus, c'est au passage d'automne.

Bec-fin gorge bleue (*Sylvia succica*, Lath.). De passage régulier dans les derniers jours de mars. J'ai tué plusieurs fois à Balloy, les **27** et **28** de ce mois, des individus mâles et femelles de la variété à miroir blanc. Je n'y ai pas rencontré la variété à miroir roux. C'est dans les accrues les plus boisées de la Seine qu'il faut chercher ces oiseaux. Ils ne quittent pas alors les bords les plus touffus de la rivière. Ce Bec-fin, dont j'ai eu l'occasion de manger quelquefois en Egypte, y est assez commun jusqu'à la première cataracte, et est aussi bon que le Rouge-gorge. Pendant l'hiver, il se tient au bord du Nil, dans les grandes herbes, et ne se voit plus du tout en Nubie. Leur passage d'automne doit avoir lieu en septembre dans nos contrées; mais je n'en ai jamais vu à cette époque.

Bec-fin de murailles (*Sylvia phœnicurus*, Lath.). De passage en petites bandes à la fin d'avril ou tout au commencement de mai, en même temps que les Gobe-mouches, Bec-figue. Il en niche quelques-uns dans les grandes forêts, à Fontainebleau par exemple, jamais dans les bois de peu d'étendue. Le gros de l'espèce va faire son nid dans le Nord, et se trouve en très-grand nombre, en juin et juillet, dans les îles de la Newa, aux environs de Pétersbourg, où j'en ai déniché plusieurs. Ce Bec-fin, que Buffon appelle le Rossignol de murailles, est beaucoup plus commun chez nous au passage d'automne, vers le **20** septembre.

Bec-fin rouge-queue (*Sylvia tithys*, Scopo.). Il est très-facile à reconnaître du précédent; car, tandis que le Bec-fin de murailles a le ventre roux, le Rouge-queue a toute cette partie d'un cendré foncé. Son passage de printemps a lieu au **20** mars, et son retour au **15** octobre, époques où deux individus ont été tués à Misy. Il ne paraît chez nous que par paires ou isolément. Il n'est du reste que de passage très-accidentel dans nos régions, tandis qu'il niche en grand nombre en Suisse, où il est fort commun aux bords des lacs de Thunn et de Briehtz.

Troisième section. — Les Muscivores.

Bec-fin à poitrine jaune (*Sylvia hippolaïs*, Lath.). En 1838, ce Bec-fin nichait en très-grand nombre dans nos taillis du parc de Misy. Maintenant je n'en vois plus. Cela tient sans doute aux changements opérés par les coupes.

Bec-fin pouillot (*Sylvia trochilus*, Lath.). Habite les bois, les jardins. Arrive vers la mi-mars; repart en septembre. Très-commun partout.

Bec-fin véloce (*Sylvia rufa*, Lath.). Se distingue du Pouillot par ses tarses noires. Ce Bec-fin est commun dans nos bois, où il niche. On le trouve beaucoup dans la forêt de Fontainebleau, où il arrive à la fin de mars pour en repartir en septembre.

Bec-fin natterer (*Sylvia nattereri*, Tem.). Niche dans la forêt de Fontainebleau, où il n'est pas très-rare. Je n'ai pas de données exactes sur l'époque de son arrivée et de son départ.

Genre *Regulus*.

Roitelet triple bandeau (*Regulus ignicapillus*, Tem.). N'est pas aussi commun que le suivant. Il ne niche pas chez nous, passe en petites bandes ou souvent mêlé aux compagnies des Roitelets ordinaires. On le voit le plus souvent à l'automne, depuis le mois de septembre jusque fort avant dans l'hiver.

Roitelet ordinaire (*Regulus cristatus*, Tem.). Très-commun partout, nous arrive au 15 septembre pour tout l'hiver. Le Roitelet ordinaire diffère du Triple-bandeau par sa huppe plus pâle et par les côtés de sa tête tout gris ; tandis que le Triple-bandeau a sur les joues trois bandes, une noire entre deux blanches. Le Roitelet ordinaire niche quelquefois, quoique très-rarement, dans la forêt de Fontainebleau. C'est sur les sapins que l'on a le plus de chance de rencontrer les deux espèces, qui se mêlent souvent aux bandes de Mésanges et voyagent de compagnie avec elles.

Genre *Troglodytes*.

Troglodyte ordinaire (*Troglodytes vulgaris*, Tem). Connu vulgairement sous le nom de Roitat ou Roitelet. Il est tout brun, et n'a pas de huppe comme les vrais Roitelets. Très-commun dans les buissons et les haies, le Troglodyte est un oiseau très-familier. Il ne nous quitte pas l'hiver, et seul il fait entendre son joli ramage pendant les grands froids. Il construit son nid, en forme de four, sous les appentis, dans les rochers factices des jardins ou sous les toitures des kiosques.

Genre *Accentor*.

Accenteur mouchet (*Accentor modularis*, Cuv.). Vulgairement Traîne-buisson. Niche à Fontainebleau, mais pas dans les petits bois, où il ne se répand que pendant l'automne et l'hiver, époque à laquelle il se rapproche des habitations. Son chant est fort agréable. Cet oiseau devient gras à l'automne et fort bon à manger.

Genre *Saxicola*.

Traquet motteux (*Saxicola œnante*, Bechs.). Habite les champs secs et arides, aussi le long des routes, où il se pose sur les tas de pierres. C'est un oiseau défiant qui niche dans les mottes. Le Traquet motteux arrive

tout au commencement d'avril, quelquefois les derniers
jours de mars. En 1852, par exemple, ils étaient en
grand nombre, le 29 de ce mois, dans tous nos champs.
Le Motteux nous quitte en septembre ou octobre. Les
habitants de nos campagnes le connaissent sous le nom
de Cul-blanc.

Traquet tarier (*Saxicola rubetra*, Bechs.). Niche dans
les prairies, se pose sur le haut des grandes herbes.
Très-commun l'automne dans les vignes, arrive en avril,
nous quitte en octobre.

Traquet rubicole (*Saxicolo rubicola*, Bechs.). Niche en
petit nombre dans les haies et les buissons épineux ou
les clairières des bois. Ne se trouve jamais dans les endroits humides hors des temps de passages. Il nous
vient en avril, et, plus commun à l'automne, ne disparaît complétement que bien longtemps après les autres
Traquets. On en rencontre en effet quelques individus
jusque dans le mois de novembre. Le Traquet rubicole
est plus rare que les deux autres.

Genre *Motacilla*.

Bergeronnette grise (*Motacilla alba*, Linn.). Très-
commune pendant la belle saison le long des eaux et
dans les prairies Elle nous arrive vers le 15 ou le
20 mars, et repart à la fin de septembre. La Bergeronnette grise passe l'hiver en Afrique, où j'en ai vu des
myriades, dès le 25 octobre, dans le Delta, des limites
duquel elle ne sort pas ; car on ne la voit plus au delà
du Caire. Elle se tient principalement en Égypte, dans
les trèfles incarnats.

Bergeronnette flavéole (*Motacilla flaveola*, Gould.).
Celle que je possède a été tuée près de Choisy-le-Roi.
Elle se trouve en petit nombre dans tous les environs
de Paris. Il me paraît à peu près impossible qu'on ne la
rencontre pas dans notre département. Presque tous

les ans on la tue sur les étangs de Saclay, près de Versailles.

Bergeronnette jaune (*Motacilla bocerula*, Linn.). Elle nous arrive à la fin de l'automne, quand la Printannière nous quitte, et se tient alors sur le bord des ruisseaux, où elle court sur les pierres à demi-submergées. Quand il fait froid, elle se rapproche des habitations, sur les toits desquelles elle se pose parfois. La Bergeronnette jaune niche en grand nombre dans les Vosges, le long des ruisseaux, où je l'ai trouvée en plumages de noces aux environs de Plombières. Elle se montre quelquefois dans cet état dans nos limites géographiques à la fin de mars, époque à laquelle je l'ai rencontrée ; mais elle ne nous reste jamais pendant le temps de la ponte.

Bergeronnette printannière (*Motacilla flava*, Linn.). Arrive en avril, quelquefois dans les derniers jours de mars, repart avant la grise. Je ne l'ai pas vu l'hiver en Egypte, non plus que la précédente. Elle est extrêmement abondante tout l'été dans nos prés, où elle niche dans des petits creux en terre. La Printannière est aussi commune aux environs de Pétersbourg pendant l'été qu'elle l'est en France.

Genre *Anthus*.

Pitpit spioncelle (*Anthus aquaticus*, Bechs.). Facile à distinguer des autres Pitpits, parce qu'il est le seul dont les pattes soient noires. N'est pas rare en novembre et décembre sur les bords marécageux du Loing. Il se pose indistinctement sur les arbres et sur les joncs, au milieu de l'eau. Pendant les temps de fortes gelées, je l'ai vu se répandre dans la vallée de l'Yonne comme dans celle de la Seine, dont il suit le cours sans s'éloigner du bord des eaux. A la fin de mars, époque de son pas-

sage de printemps, ce Pitpit se montre régulièrement
en assez grand nombre dans les accrues de la Seine, et
il est alors en pleine mue, prenant sa robe de noce. M. de
la Chapelle m'a assuré avoir trouvé un nid de cet oiseau
dans la forêt de Fontainebleau.

Pitpit rousseline (*Anthus rufescens*, Tem.). Niche en
petit nombre, dans les endroits incultes ou arides, sur
des hauteurs, fait son nid par terre. Plus commun à son
passage d'automne.

Pitpit farlouse (*Anthus pratensis*, Bechs.). Assez commun à l'automne dans les endroits humides.

Pitpit des buissons (*Anthus arboreus*, Bechs.), vulgairement Bec-figue. Niche dans les clairières de nos bois.
Très-commun, en septembre et octobre, dans les luzernes, où il se tient par petites bandes. Il est alors
très-gras et très-bon à manger. On le tue quelquefois au
miroir. Tels sont les seuls Pitpits que j'ai trouvé dans
Seine-et-Marne. M. Jules Ray, dans sa Faune de l'Aube,
dit avoir tué un Pitpit à gorge rousse, et en avoir vu
d'autres pris en automne aux environs de Paris. J'en
ai beaucoup tué dans les endroits un peu marécageux
des environs de Siout, en moyenne Égypte; mais,
malgré mes recherches, je n'en ai jamais pu voir dans
ces pays-ci, où, selon M. Jules Ray, il doit se montrer
quelquefois.

Quatrième ordre. — Les **GRANIVORES**.

Genre *Alauda*.

Alouette des champs (*Alauda arvensis*, Linn.). Très-
commune en tout temps dans les plaines. En octobre a
lieu le passage, et alors on en voit des bandes innombrables. Il nous reste des Alouettes tout l'hiver.

Alouette lulu (*Alauda arborea*, Linn.). Préfère les lieux les plus pierreux. Elle niche tous les ans autour de la forêt de Fontainebleau. A l'automne, des petites bandes de ces oiseaux se répandent dans tout notre pays. Dans certains pays du département de l'Yonne, elle se trouve en aussi grand nombre que l'Alouette des champs. En Provence, à l'automne, elle est beaucoup plus commune que cette dernière. C'est le Cujelier de Buffon.

Alouette cochevis (*Alauda cristata*, Linn.), vulgairement Alouette huppée. On la voit courir le long des chemins, où elle ramasse des grains d'avoine dans le crottin des chevaux. M. Ray, dans sa Faune de l'Aube, dit : « Qu'elle semble avoir jusqu'à un certain point pour limite le terrain crétacé. » C'est une erreur, car je l'ai trouvée partout, depuis le 20e jusqu'au 60e degré de latitude nord, c'est-à-dire que je l'ai tuée sur les bords de la Newa et dans les sables de la Nubie Elle est toujours pareille à celle de nos contrées dans ces diverses localités, qui certes ne sont pas toutes sur des terrains crayeux.

Alouette calandrelle (*Alauda brachydactyla*, Tem.). Elle est plus petite que l'Alouette des champs; ses doigts sont beaucoup plus courts que ceux des autres espèces du même genre : de là son nom latin. J'en ai vu tuer dans les plaines sablonneuses des environs de Fontainebleau, où elle se montre quelquefois en petites troupes à l'automne. Commune dans le Midi, cette Alouette, qui niche chez nous, y est rare.

Genre *Parus*.

Mésange charbonnière (*Parus major*, Linn.). Très-commune en toutes saisons dans les bois et les jardins. Niche dans les trous d'arbres et de murs.

Genre *Parus*.

Mésange charbonnière (*Parus major*, Linn.). Très-commune en toutes saisons dans les bois et les jardins. Niche dans les trous d'arbres et de murs.

Mésange petite-charbonnière (*Parus ater*, Linn.). Niche tous les ans à Fontainebleau, où elle n'est pas rare; de passage à la fin de l'automne et en hiver, dans les petits bois, où on est quelquefois plusieurs années sans la rencontrer.

Mésange bleue (*Parus cœruleus*, Linn.). Habite en grand nombre les bois, les parcs et les jardins, où elle niche comme la Charbonnière. Cette Mésange est sédentaire.

Mésange à longue queue (*Parus caudatus*, Linn.). Niche rarement dans les petits bois, où elle est assez commune, l'hiver surtout, dans les endroits humides. On l'y trouve en petites bandes, souvent mélangée avec d'autres Mésanges et des Roitelets.

Mésange nonnette (*Parus palustris*, Linn.). Tout ce que j'ai dit de la Mésange bleue s'applique à celle-ci; seulement la Nonnette ne niche pas dans les trous de mur, elle préfère les trous d'arbres dans les marais boisés.

Mésange huppée (*Parus cristatus*, Linn.). Niche dans la forêt de Fontainebleau, où elle est plus rare que la Petite-Charbonnière. Ces deux Mésanges, les moins communes de nos contrées, nichent en grand nombre dans les forêts de sapins blancs de la vallée d'Hérival, près Plombières, à Fontainebleau. Je les ai toujours rencontrées sur les pins, quoique la Mésange huppée affectionne, dit-on, beaucoup les genévriers.

Genre *Emberiza*.

Bruant jaune (*Emberiza citrinella*, Linn.). Connu vul-

gairement sous le nom de Verdier ou Verdière, très-
commun toute l'année, se réunit l'hiver, par la neige,
par grandes bandes, sur les arbres des routes et autour
des meules. Cet oiseau n'est pas plus rare en Allemagne
qu'en France.

Bruant proyer (*Emberiza miliaria*, Linn.), vulgairement Tac-bonet-gris. Commun pendant la belle saison,
il nous arrive de bonne heure, en avril, et s'établit dans
les champs et dans les prés; l'automne, il se réunit en
grandes bandes, vers le mois de septembre, pour se can-
tonner dans les îles et les accrues, plantées d'osiers, sur
les bords des rivières. Niche par terre, dans une touffe
d'herbe. J'ai trouvé des œufs de Coucou dans ses nids,
de même que dans ceux du Bruant jaune, où l'oiseau
les dépose encore plus fréquemment.

Bruant de roseaux (*Emberiza schœniculus*, Linn.).
Moins commun que le précédent, le Bruant de roseaux
n'est pas rare dans les jonchaies et les ozeraies, qu'il
habite exclusivement et où il niche. Il ne nous quitte
pas longtemps, car on en voit en novembre, et je l'ai
trouvé revenu dès la mi-février.

Bruant ortolan (*Emberiza hortulana*, Linn.). Cet oiseau, fameux en Provence, niche en grand nombre dans
toutes les vignes situées sur les coteaux exposés au
midi, dans les environs de Montereau; mais il repart
avant l'ouverture de la chasse, ce qui fait qu'on n'en
mange pas. Il n'arrive qu'assez tard en mai, et nous
quitte en août.

Bruant zizi (*Emberiza cirlus*, Linn.). Ce joli oiseau
vient nicher tous les ans, mais en petit nombre, dans
les parcs. Il fait son nid dans les haies, quelquefois dans
les chèvrefeuilles.

Genre *Loxia*.

Bec-croisé des pins (*Loxia curvirostra*, Linn.). Remarquable par la conformation de son bec, il ne nous visite que fort accidentellement. En 1858, quand a eu lieu un passage énorme, on n'en avait pas vu depuis dix-huit ans. Depuis que l'on a fait de grandes plantations de pins et d'autres résineux dans la forêt de Fontainebleau, il en est resté toujours quelques paires qui y nichent, car M. de la Chapelle a trouvé leurs nids, et j'en vois tous les ans dans toutes les saisons, pendant que ces oiseaux ne se montrent dans aucune autre partie du département. (Pour l'explication de ces passages accidentels, voir la note sur la poche buccale du Casse-noix.)

Genre *Pyrrhula*.

Bouvreuil ordinaire (*Pyrrhula vulgaris*, Briss.). Niche dans les grands bois. Plus commun l'hiver que l'été dans les bois d'une médiocre étendue, principalement ceux qui bordent les rivières et sont humides.

Première section. — LES LATICONES.

Genre *Fringilla*.

Gros-bec vulgaire (*Fringilla coccothraustes*, Tem.). Connu sous le nom de Pinson royal; assez commun toute l'année dans les bois et les parcs. Il est très-dangereux pour les autres oiseaux quand on le met avec eux dans une volière, et je suppose qu'en liberté les mâles se battent à outrance, car on en trouve assez souvent au printemps des individus morts sans avoir reçu de coups de fusil. C'est, pour ainsi dire, le seul oiseau dont on voit fréquemment des cadavres à découvert sur le sol.

Gros-bec verdier (*Fringilla chloris*, Tem.). Les habitants de nos campagnes le nomment Linotte brillante, transportant ainsi son nom de Verdier à un oiseau d'un autre genre (le Bruant jaune). Le *Fringilla chloris* est sédentaire, quoiqu'on en voie beaucoup plus en été qu'en hiver. Il niche dans les jardins, les haies, et se tient aussi souvent sur les arbres des routes.

Gros-bec soulcie (*Fringilla petronia*, Linn.). J'en ai vu cinq individus conservés dans la collection de M. Chauvin et provenant de la forêt de Fontainebleau, où on doit le trouver à l'automne. L'un d'eux est en robe de noce, ce qui ferait croire qu'il niche quelquefois dans nos contrées. Quoi qu'il en soit, le Soulcie, oiseau très-farouche, se tient toujours dans le fond des plus grands bois. Je n'ai jamais entendu dire qu'il fût ailleurs qu'à Fontainebleau, où il est toujours rare.

Gros-bec moineau (*Fringilla domestica*, Linn.). Si commun partout, est connu de tout le monde sous les noms de Pierrot ou Moineau franc. Je l'ai trouvé toujours le même à Saint-Pétersbourg comme au Caire. Passé le Caire, on ne le voit plus, et il est remplacé dans le Sud par le *Fringilla hispaniolensis*. Le Moineau est parfaitement sédentaire.

Gros-bec friquet (*Fringilla montana*, Linn.) Fort commun à la campagne, ne se trouve pas, comme le *Domestica*, dans les grandes villes, de même que l'espèce précédente. Celle-ci n'émigre pas.

Deuxième section. — Les Brevicones.

Gros-bec pinson (*Fringilla cœlebs*, Linn.). Est aussi très-commun dans tout le département. J'ai rencontré le même oiseau en Grèce et en Asie-Mineure. Chez nous, il reste toute l'année.

Gros-bec d'Ardennes (*Fringilla montifringilla*, Linn.). Ne niche pas dans nos contrées ; c'est dans le Nord qu'il va faire son nid. Il nous visite en grandes bandes pendant l'hiver, principalement quand il y a de la neige.

Gros-bec linotte (*Fringilla cannabina*, Linn.). Habite

les petits bois et les jardins ; l'automne, on la trouve en grandes bandes dans les vignes. C'est un oiseau très-commun que nous avons toute l'année.

Troisième section. — Les Longicones.

Gros-bec tarin (*Fringilla spinus*, Linn.). Je n'ai jamais tué ce joli oiseau qu'en mars ou avril et en novembre. Niche dans le Nord.

Gros-bec sizerin (*Fringilla linaria*, Linn.). Se trouve quelquefois en bandes dans les vignes, comme les Linottes, ou sur les aulnes. On ne le voit que l'hiver, et il s'en passe quelquefois plusieurs sans qu'on le rencontre. Il n'est donc pas extrêmement commun, quoique voyageant en troupes. Niche dans le cercle arctique.

Gros-bec chardonneret (*Fringilla carduelis*. Linn.). Ce charmant oiseau, aussi commun à Athènes et à Smyrne que chez nous, ne nous quitte pas. Il habite les jardins, les vergers. On le trouve en troupes l'automne sur les chardons, dont il mange la graine.

Cinquième Ordre. — Les **ZYGODACTYLES**.

Genre *Cuculus*.

Coucou gris (*Cuculus canorus*, Linn.). Très-commun dans les bois , les parcs , les jardins , arrive à la fin d'avril, repart en septembre.

Genre *Picus*.

Pic vert (*Picus viridis*, Linn.). Assez commun dans les grands bois , on le rencontre moins fréquemment dans les plaines. Il mange les insectes le long des arbres et détruit les fourmilières. Le Pic vert n'émigre pas.

Pic épeiche (*Picus major*, Linn.). Moins commun

que le précédent ; on le voit dans les bois, quelquefois dans les parcs et les jardins. Il est sédentaire.

Pic mur (*Picus medius*, Linn.). On le rencontre quelquefois dans la forêt de Fontainebleau, où il est excessivement rare, et, je crois, accidentellement. M. Chauvin en possédait un fort beau venant de cette forêt, seul endroit du département où l'on ait quelque chance de le voir.

Pic épeichette (*Picus minor*, Linn.). Moitié plus petit que l'épeiche. Il niche tous les ans dans la forêt de Fontainebleau à la fin de l'automne, quelques-uns s'égarent dans les plaines ; c'est ainsi qu'en novembre j'en ai vu deux individus, l'un auprès du château de Praslin, sur les arbres de la route, l'autre non loin de Misy, sur les confins du département de l'Yonne. Ce Pic est toujours rare.

Genre *Yunx*.

Le Torcol (*Yunx torquilla*, Linn.). Assez commun pendant la belle saison, se trouve dans les bois clairs et dans les plantations. L'automne, il se tient souvent dans les vignes à cette époque. Il est très-gras et excellent à manger ; ses pieds sont conformés comme ceux des Pics, sa queue en diffère complétement. Le Torcol arrive en avril, repart en octobre.

Sixième Ordre. — Les **ANISODACTYLES**.

Genre *Sitta*.

Sitelle torchepot (*Sitta europœa*, Linn.). Sédentaire dans les grands bois, les vieilles futaies de la forêt de Fontainebleau, où elle niche ; ne se montre que fort accidentellement dans les bois d'une petite tenue : ainsi je n'en ai jamais rencontré qu'une à Misy, c'était le 19 septembre 1836.

Genre *Certhia*.

Grimpereau familier (*Certhia familiaris* , Linn.). Très-commun, surtout en hiver, dans les parcs, les bois, les jardins. On en voit toute l'année dans Paris, même au Luxembourg et aux Tuileries.

Genre *Tichodroma*.

Tichodrome écheleste (*Tichodroma phœnicoptera* , Tem.), Cette espèce méridionale se trouve accidentellement dans les rochers de la forêt de Fontainebleau. Deux individus, à ma connaissance , ont été capturés dans notre département : l'un, exténué de faim, entra pendant l'hiver dans l'une des serres du château de Fontainebleau, où il fut pris ; l'autre, une autre année non loin de là, dans une maison de Graville. Un troisième individu fut tué en septembre, le long d'un mur de terrasse, à Hautefeuille (Yonne).

Genre *Huppupa*.

La Huppe (*Huppupa epops*, Linn.). Plus commune aux environs de la forêt de Fontainebleau que partout ailleurs ; elle niche chez nous, et se montre davantage dans le reste du département aux moments du passage. La Huppe passe l'hiver dans la Basse et la Moyenne Egypte , car je ne l'ai plus revue dans le Saïd ni dans la Nubie. Dans le Delta et le Vostany, au contraire, elle est excessivement commune dès le milieu d'octobre. Cet oiseau nous revient vers le commencement d'avril.

Septième Ordre. — Les **ALCYONS.**

Genre *Alcedo*.

Martin-Pêcheur Alcyon (*Alcedo ispida* , Linn.).

Commun sur les rivières, les champs du département. Le Martin-Pêcheur plonge dans l'eau, pour prendre des petits poissons. Il fait son nid dans les trous des berges. Cet oiseau est sédentaire, Pic vert est son nom vulgaire dans quelques-unes de nos localités.

Huitième Ordre. — Les **CHELIDONS.**

Genre *Hirundo*.

Hirondelle de cheminée (*Hirundo rustica*, Linn.). C'est celle qui a des filets à la queue ; elle nous arrive au commencement d'avril pour nicher et établir son nid dans les cheminées, même dans l'intérieur des chambres ou des étables, quand elle peut y entrer. Elle nous quitte en octobre pour retourner en Afrique.

Hirondelle de fenêtre (*Hirundo urbica*, Linn.). Son nom indique assez l'endroit qu'elle choisit pour faire son nid. Je l'ai vue en Suisse établir son domicile dans certains rochers exposés au midi, et à une grande hauteur dans les montagnes de l'Oberland. Quand le temps se mettait à la pluie pour longtemps, ces hirondelles apparaissaient tout-à-coup dans le fond des vallées où elles ne se montraient jamais sans cela : au retour du beau temps, elles retournaient voltiger autour de leurs nids hors de la portée de la vue. Cette espèce a reçu le sobriquet de Cul-blanc à cause de l'anneau qui entoure son croupion.

Hirondelle de rivage (*Hirundo riparia*, Linn.). Arrive en avril, repart en septembre ; niche dans des trous qu'elle fait dans les berges des rivières et quelquefois dans les sablières. J'ai été à même de vérifier plusieurs fois ce fait avancé par M. J. Ray dans sa Faune de l'Aube. Depuis les travaux d'endiguement faits sur nos rivières, cette espèce, autrefois si commune, l'est beaucoup moins.

Genre *Cypselus*.

Martinet ordinaire (*Cypselus murarius*, Tem.). Niche dans les vieux châteaux , les tours des églises ; arrive très-tard, repart en août. Cet oiseau frileux est appelé vulgairement Juif. Quelques-uns d'eux hivernent en Sicile.

Genre *Caprimulgus*.

Engoulevent ordinaire (*Caprimulgus Europœus*, Linn.). Connu dans nos pays sous le nom de Crapaud volant , se trouve dans les plantations de marsaule , dans les bois clairs , et se tient d'ordinaire par terre. Tout le monde sait que, quand les Engoulevents se posent sur un arbre, au lieu de se mettre en travers sur une branche, ils se posent en long. Ces oiseaux nous viennent en avril, repartent én octobre. Ils passent l'hiver dans le Delta sans étendre leur migration dans la Moyenne ni la Haute Egypte.

Neuvième Ordre. — Les **PIGEONS**.

Genre *Columba*.

Colombe ramier (*Columba palumbus*, Linn.). Niche dans les bois ; ne nous quitte pas par le froid, mais se met en bandes, et choisit une position abritée qui lui convienne. Depuis quatre ou cinq ans, nous en avons infiniment plus qu'auparavant ; cela tient peut-être à l'accroissement de la culture du colza, dont ces oiseaux sont très-friands et auxquels ils font beaucoup de tort, de même qu'aux choux.

Colombe colombier (*Columba œnas*, Linn.). Niche à Fontainebleau, où il est plus commun l'été que l'hiver. Ce Pigeon, qui recherche les plus grandes futaies, est connu des paysans sous son véritable nom. Je doute qu'on le trouve dans le département ailleurs que dans la forêt de Fontainebleau.

Colombe tourterelle (*Columba turtur*, Linn.). Arrive à la fin d'avril, repart en septembre ; très-commune dans les grands bois, les parcs, les jardins et même les arbres d'alignement.

Dixième Ordre. — Les **GALLINACÉS.**

Première section. — Les FAISANS.

Genre *Phasanius*.

Faisan vulgaire (*Phasanius colchiens*, Linn.). Rapporté de l'Asie-Mineure, le Faisan est complétement acclimaté dans Seine-et-Marne. Il se reproduit à l'état parfaitement sauvage dans des bois de particuliers qui n'en élèvent jamais. Je citerai entre autre la forêt de Valence, où ils sont communs, et où l'on trouve aussi quelquefois la variété à collier blanc.

Deuxième section. — Les PERDRIX.

Genre *Perdix*.

La Perdrix grise (*Perdix cinerea*, Lath.). Commune, et répandue dans toutes les parties du département. J'ai tué de prétendues Perdrix de passage, et ne puis croire à une race, c'est tout au plus une variété de localité : des Perdrix qui ont été élevées dans un terrain où elles ont trouvé peu à manger. (Voyez les observations très-judicieuses de Temminck sur l'influence du plus ou moins d'abondance de nourriture, sur la taille et la grosseur des Oiseaux.)

Perdrix rouge (*Perdix rubra*, Briss.). Elle est rare dans notre département, et ne se trouve guère au nord de la Seine : elle préfère les lieux secs et pierreux où il pousse de la bruyère et des genêts. Quoiqu'on puisse en dire, jamais la Bartavelle ne se trouve dans Seine-et-Marne ni dans les départements voisins. La prétention de tous les propriétaires qui ont des rouges est d'avoir des Bartavelles, mais cet oiseau méridional n'existe pas dans nos contrées.

Troisième section. — Les CAILLES.

La Caille (*Perdix coturnix*, Lath.). Arrive en avril, repart en octobre. De passage en Egypte comme en France, la Caille hiverne en Abyssinie, dans les pays herbeux où tombent les pluies qui occasionnent les crues du Nil. Il y a vingt-cinq ans, lorsque l'on a commencé à cultiver en grand les artificielles, et que la terre, n'étant pas encore fatiguée de cette nouvelle production, donnait jusqu'à trois coupes excellentes, nous avions des quantités de Cailles : depuis, elles ont toujours diminué, ce que l'on attribue aussi aux destructions que l'on en fait sur les côtes de l'Algérie depuis l'occupation de l'Afrique française (1).

Douzième Ordre. — Les **COUREURS.**

Genre *Otis.*

Outarde barbue (*Otis tarda*, Linn.). C'est le plus gros de nos oiseaux. Il apparaît ordinairement l'hiver, et séjourne quelquefois plusieurs semaines dans nos grandes plaines, mais il ne nous vient pas régulièrement. Très-commune dans le sud de la Russie, l'Outarde niche tous les ans en Champagne.

Outarde canepetière (*Otis tetran*, Linn.). De la

(1) Le département ne possède pas d'oiseaux de l'ordre des Alectorides, qui est le onzième de Temminck.

grosseur d'un Faisan, elle ressemble un peu, pour le port, à l'Œdicnème criard ou Courlis de terre, dont il est toujours facile de la distinguer, quand elle vole, à ses ailes en partie blanches. La Canepetière est de passage tous les ans, fin d'août et septembre. Dans nos grandes plaines, où elle se montre aussi au printemps, elle se tient souvent en petites bandes, et, dans ce cas, on l'approche difficilement ; quand elle est isolée, au contraire, elle part de près et sans bruit. On m'a assuré qu'elle nichait du côté de Château-Landon ; c'est un fait à vérifier.

Treizième Ordre. — Les **GRALLES**.

Première section. — GRALLES A TROIS DOIGTS.

Genre *Ædicnemus.*

Œdicnème criard (*Ædicnemus crepitans*, Tem.) ou Courlis de terre. Très-commun dans nos plaines sèches et arides, où il se montre toute l'année, excepté l'hiver. La nuit, on l'entend crier de fort loin. C'est un animal méfiant, qui court beaucoup dans les raies de terre labourée, où l'on prend quelquefois des jeunes qui, bien que gros comme père et mère, ne peuvent pas encore voler.

Genre *Charadrius.*

Pluvier doré (*Charadrius pluvialis*, Linn.). De passage en automne et au printemps On le voit en grandes bandes dans les prés, les marais et même dans les emblaves, où il se mêle souvent avec les compagnies de Vanneaux.

Petit Pluvier à collier (*Charadrius minor*, Mey.). Les sables de la Seine et de l'Yonne en sont couverts par place. mais pas indistinctement sur tous : il y en a où

on les voit toujours, d'autres où on ne les rencontre jamais. Le petit Pluvier à collier est très-fuyard. Il pond
sans faire aucun nid à même le sable, dans des pas de
chevaux. Son cri est perçant. Il émigre vers la fin
d'août pour revenir en avril.

Deuxième section. — GRALLES A QUATRE DOIGTS.

Genre *Vanellus*.

Vanneau huppé (*Vanellus cristata*, Mey.). Il en niche
quelques-uns dans nos marais, où j'en ai pris des petits
qui couraient à terre avant de pouvoir voler. En Hollande, où les Vanneaux font leurs nids en nombre in-
calculable, on fait grand cas de leurs œufs, que l'on
sert durs : j'en ai mangé plusieurs fois, et je les ai toujours trouvé fort délicats ; quand ils sont cuits, le blanc
en est un peu bleuâtre. A la fin de l'automne et au
printemps a lieu le passage des Vanneaux, qui sont fort
communs dans les prairies et même dans les blés, où
ils courent pour attraper des vers. — Les chasseurs
aux Canards prétendent que, tant que les Vanneaux se
montrent, il y a encore des Canards à passer.

Genre *Grus*.

Grue cendrée (*Grus cinerea*, Beschs.). Très-commune
à son double passage en mars et octobre ou novembre,
ces passages ne durent guère qu'une quinzaine de
jours. Elle passe l'hiver en Égypte sans aller jusqu'en
Nubie ; dans ces pays, elle est aussi sauvage que chez
nous. La Grue se fait entendre de loin : son cri ressemble à s'y méprendre au bruit d'une charrette mal
graissée ; elle ne séjourne pas dans nos plaines, où elle
ne s'abat même que très-rarement, mais elle traverse
les airs rangée en grands triangles comme les Oies
sauvages.

Genre *Ciconia*.

Cigogne blanche (*Ciconia alba*, Briss.). On ne la trouve que de passage ordinairement en août et au printemps. Jamais je ne l'ai vue nicher dans notre département. En Hollande, en Wurtemberg, en Alsace, de même qu'à Constantinople, elle fait son nid sur le haut des maisons ou des édifices. Partout où on ne les chasse pas, les Cigognes sont très-familières, tandis que dans nos pays on a de la peine à les approcher. La Cigogne blanche hiverne dans la Basse et la Moyenne Égypte.

Cigogne noire (*Ciconia nigra*, Bechs.). Deux individus de cette espèce ont été tués à ma connaissance dans notre département. L'un était une femelle adulte, à Bois-Boudran, chez MM. de Greffuhl, qui l'ont fait empailler et la conservent ; l'autre, près de Valvins, était un jeune, pris au passage d'automne, tandis que celui de Bois-Boudran avait été tiré au printemps. La Cigogne noire nous visite donc aux deux époques de ses migrations, mais son apparition est accidentelle et fort rare. Elle passe l'hiver, comme la blanche, dans le Delta et le Vostany, où elle est beaucoup plus rare que cette dernière.

Première section. — Les Hérons.

Genre *Ardea*.

Héron cendré (*Ardea cinerea*, Linn.). Assez commun sur nos rivières et dans les champs, cet oiseau est le même partout. Ceux que j'ai reçus de l'Amérique méridionale ne diffère nullement de ceux d'Égypte ou des nôtres, si ce n'est qu'ils sont un peu plus grands. Le Héron niche dans quelques localités du département, à Villeceaux, près de Bray, par exemple, où j'en ai vu quelquefois des nids.

Deuxième section. — Les Butors.

Héron grand Butor (*Ardea stellaris*, Linn.). Ce bel oiseau est assez rare chez nous. Il se montre principalement en hiver et au printemps dans nos marais.

Héron blongios (*Ardea minuta*, Linn.). Connu sous le nom vulgaire de petit Butor, c'est le plus petit de nos Hérons. Il se niche régulièrement dans les îles de la Seine et sur les rives boisées du Loing, dans les parties couvertes d'herbes et d'osiers, quelquefois aussi dans les queux d'étang. Cet oiseau émigre l'hiver.

Genre *Nycitcorax.*

Héron bihoreau (*Nycticorax ardeola*, Tem.). Plus commun dans le Sud que dans le Nord, on le rencontre assez souvent en Provence, où il vient nicher. J'en ai vu en hiver aux environs du Caire. Ils se tenaient alors en bandes de huit ou dix, et se posaient tous ensemble sur le même arbre. Le 5 juin 1850, j'ai tué dans le parc de Misy un Bihoreau mâle en robe de noce, au moment où il venait se coucher sur un sapin. Ce Héron avait été vu quelques jours auparavant accompagné de sa femelle. On m'a fait voir la même année un jeune Bihoreau tué dans les environs de Paris peu de temps après le mien ; quelques couples étaient donc venus nicher dans nos parages cette année-là. Quoi qu'il en soit, le Bihoreau est extrêmement rare chez nous ; aucun des chasseurs auxquels je l'ai montré n'en avaient jamais ni vu ni tué dans le pays.

Genre *Platalea.*

Spatule blanche (*Platalea leucorodia*, Linn.). Je ne connais qu'une seule capture faite à Balloy il y a déjà plusieurs années. Il paraît des Spatules assez souvent aux environs de Paris, peut-être ces échassiers nous visitent-ils moins rarement que je ne le pense. La Spatule niche en Hollande et passe l'hiver en Basse et en Moyenne Égypte, pays où j'ai été à même de les voir bien des fois.

Genre *Recurvirosra*.

Avocette à nuque noire (*Recurvirostra avocetta*, Linn.). Je n'en ai vu prendre que trois : deux à l'étang de Moui et une à Gravou, c'est celle que je possède; elle a été capturée dans l'automne de 1837. Je crois l'apparition de l'Avocette plus rare dans Seine-et-Marne que dans Seine-et-Oise, où on en voit assez souvent à Sacley, près Versailles. L'Avocette, par son bec tout à fait retourné en l'air, ne peut être confondu avec aucun autre oiseau.

Genre *Numenius*.

Courlis cendré (*Numenius arquatus*, Lath.). Très-commun sur les bords de la mer, fort rare chez nous; je ne puis citer qu'une seule capture : M. de Balloy en a tué un il y a déjà fort longtemps chez lui, à Balloy. Le Courlis cendré est très-facile à reconnaître de l'Œdicnème criard, à son bec long de huit pouces et arqué comme une faucille.

Genre *Tringa*.

Becasseau cocorli (*Tringa subarquata*, Tem.). Un seul, à ma connaissance, a été tué dans le département en septembre 1849, à Noyers, dans les marais des bords de la Seine. Ses apparitions dans nos limites géographiques sont peut-être plus communes que je ne le suppose, parce qu'on le confond probablement avec d'autres petits échassiers. Il paraît cependant que le Cocorli fréquente beaucoup plus les côtes maritimes que les bords des fleuves, et ce n'est que pendant le temps des migrations que nous avons la chance de les trouver.

Becasseau brunette (*Tringa variabilis*, Mey.). De passage en mars et en septembre sur les bords de la Seine, on le trouve quelquefois alors en petites bandes de dix ou quinze individus. Tout le monde s'accorde à dire qu'il est plus nombreux au passage du printemps qu'à celui d'automne dans les départements de l'intérieur. Niche en assez grand nombre dans la vallée de Chamounix et dans les vallées environnantes.

Becasseau échasse (*Tringa minuta*, Leisl.). Moins commun encore que le précédent, ce Bécasseau se montre quelquefois avec les Brunettes sur les sables de la Seine. Deux individus de cette espèce ont été tués en septembre 1851, par M. de la Chapelle, dans la commune de Varennes, près de Montereau.

Genre *Machetes*.

Combattant variable (*Machetes pugnax*, Cuv.), ou Paon de mer. Passe régulièrement au mois de mars en assez grand nombre. C'est à cette époque que les chasseurs de Pluviers, qui le connaissent sous le nom de Grand-Chevalier, en prennent en même temps que les Vanneaux. A l'automne, son passage est infiniment moins nombreux dans l'intérieur des terres, et c'est à peine si l'on en voit quelques individus. Jamais le Combattant ne se montre chez nous autrement qu'en plumage d'hiver. Il niche en grand nombre dans les polders du Nord, en Hollande. Pendant mon premier voyage en Hollande, au mois de mai, j'avais été témoin des combats des mâles se disputant les femelles, infiniment moins nombreuses qu'eux, comme chacun sait ; mais à mon second voyage, qui a eu lieu au mois de juin, les femelles couvaient, les mâles seuls se montraient.

et, au lieu de se laisser approcher presque à être pris à la main, rendus aux soins de la conservation que l'amour leur fait oublier pendant le mois de mai, ils partaient de loin et fuyaient à de grandes distances.

Première section. — A bec droit.

Genre *Totanus*.

Chevalier gambette (*Totanus calidris*, Bechs.). Le Chevalier aux pieds rouges, de Buffon, aussi rare chez nous au printemps et à l'automne qu'il est commun dans le temps des nichées dans les marais de la Hollande, se fait prendre quelquefois avec les Pluviers et les Vanneaux.

Chevalier cul-blanc (*Totanus ochropus*, Tem.). Peu commun dans les marais, les eaux stagnantes. Il en niche quelquefois dans le département; l'époque où on en voit le plus c'est au passage du printemps, qui, pour ce Chevalier, a lieu à la fin de mars. L'hiver, on le trouve en très-grand nombre en Basse et en Moyenne Egypte, où il est aussi farouche qu'en France.

Chevalier guignette (*Totanus hypoleucos*, Tem.). Très-commun sur les bords de nos rivières, où on le voit par paires ou par bandes de dix ou de vingt individus. Ce Chevalier court sur les grèves de la Seine et de l'Yonne, en faisant aller sa queue de haut en bas comme les Bergeronnettes et le petit Pluvier à collier. Il niche dans de grandes herbes, et nous quitte l'hiver. Pour nous, c'est l'oiseau le plus commun du genre *Totanus*.

Deuxième section. — A bec retroussé.

Chevalier aboyeur (*Totanus glottis*, Bechst.). Oiseau

cosmopolite, il est peu commun en France. On le trouve de temps en temps à son double passage.

Genre *Limosa*.

La Barge à queue noire (*Limosa melanura*, Leisl.). Je me suis procuré cet oiseau dès le commencement de mars ; il se montre plus souvent, en effet, dans nos prairies marécageuses au printemps qu'en automne. Cette Barge se fait prendre aux filets comme les Pluviers, les Vanneaux et les autres échassiers. L'espèce niche en grand nombre dans le Nord, en Hollande. où j'en ai souvent tué ; chez nous, il est défiant et peu commun. Quand on le voit à l'automne, c'est en général vers le 15 novembre.

Première section. — Bécasses proprement dites.

Genre *Scolopax*.

Bécasse ordinaire (*Scolopax rusticola*, Linn.). Selon l'avis de beaucoup de personnes, le meilleur de nos gibiers, il n'est jamais très-commun dans notre département. Les passages ont lieu en mars et en novembre. Quoique j'en aie tué une à la fin d'avril, je ne crois pas qu'il nous en reste pour nicher.

Deuxième section. — Les Bécassines.

Bécassine ordinaire (*Scolopax gallinago*, Linn.). Habite les marais, les prairies humides. La Bécassine nous visite régulièrement chaque année, en automne et au printemps. Il ne nous en reste que fort peu pendant le temps des nichées; le gros de l'espèce niche plus avant dans le Nord, et passe l'hiver en Basse et en

Moyenne Égypte, où l'on en voit des bandes innombrables.

Bécassine sourde (*Scolopax gallinula*, Linn.). Moitié moins grosse et moins commune que la précédente , elle part dans les jambes, tandis que la *Gallinago* s'envole de loin ; elle niche en grand nombre aux environs de Saint-Pétersbourg.

Bécassine double (*Scolopax major*, Linn.). Trois ou quatre captures de ces oiseaux sont les seules que je puisse citer ; elles ont eu lieu dans les marais de Bazoche et de Balloy avant les dénichements. Sou apparition est accidentelle et fort rare ; elle niche aux environs de Pétersbourg, où on commence à la chasser dès la fin de juillet.

Nota. J'ai tué à Misy même la variété à seize pennes de Bécassine ordinaire, connue sous le nom de *Scolopax Brehmi* ; et je ne doute pas que la variété à douze pennes ne se trouve aussi quelquefois chez nous.

Genre *Rallus*.

Râle d'eau vulgaire (*Rallus aquaticus*, Linn.). Son long bec rouge suffit pour le faire reconnaître du Râle de genêt : le Râle d'eau se tient, comme la Poule d'eau, sur le bord des rivières ou des étangs couverts de broussailles, d'herbes et de buissons. Il est difficile à faire partir, et, de même que la Poule d'eau, quand il a fait un vol, il est presque impossible aux chiens de le relever. Le Râle d'eau est un oiseau erratique, c'est à la fin de l'automne que nous en voyons le plus.

Première section. — Sans plaque sur le front.

Genre *Gallinula*.

Poule d'eau de genêt (*Gallinula crex*, Lath.). Plus

connu sous le nom de Râle de genêt ou Roi des Cailles, est fort bon à manger. Il habite les prairies humides, les accrues des rivières ; on le trouve aussi quelquefois dans les haies et les taillis. Cet oiseau niche dans nos luzernes. Le Râle n'est jamais en grand nombre dans le département; c'est un oiseau qui nous vient et s'en va avec les Cailles.

Poule d'eau marouette (*Gallinula porzana*, Lath.). Cette jolie espèce se trouve dans les marais, sur les bords boisés de nos rivières, dans les joncs et les accrues. La Marouette n'est pas rare, on la tue souvent en chassant les Bécassines ; sa chair est grasse et très-délicate. La ponte se fait dans les herbes, et l'oiseau nous quitte pendant l'hiver.

Poule d'eau poussin (*Gallinula pusilla*, Bechst.). Plus petite et plus allongée que la Marouette, elle a les mêmes habitudes qu'elle, se tient dans les mêmes localités, mais elle est très-rare, tandis que la Marouette ne l'est pas. Toutes deux arrivent en mars pour repartir en octobre et novembre.

Deuxième section. — A PLAQUE FRONTALE.

Poule d'eau ordinaire (*Gallinula chloropius*, Lath.). Commune dans toutes les rivières, les ruisseaux, les étangs. La Poule d'eau se trouve souvent dans les bois quand ils sont inondés, et sur le bord des eaux couvert de broussailles, dans lesquelles elle se fourre et court comme une Perdrix.

Quatorzième Ordre. — Les **PINNATIPÈDES.**

Genre *Fulica*.

Foulque macroule (*Fulica atra*, Linn.). Son nom

vulgaire est Judelle ou Moulle ; on la distingue avec la plus grande facilité de la Poule d'eau à sa plaque frontale blanche, tandis que la Poule d'eau l'a rouge : de plus, la Foulque est double de la Poule d'eau. La Foulque vit sur les étangs où il y a des roseaux, elle y niche ; sur nos rivières, elle n'est que de passage, on l'y trouve quelquefois en automne, mais c'est principalement au printemps qu'elle s'y montre.

Genre *Podiceps.*

Grèbe huppé (*Podiceps cristatus*, Linn.). Ce bel oiseau, dont on fait des fourrures recherchées, ne se montre qu'en plumage d'hiver sur les rivières. Il se retire sur sur les grands étangs au moment de la couvée : c'est ainsi qu'il a niché presque tous les ans à Sacley, près Versailles. Au mois de mai, il se pare de sa belle fraise marron, et c'est alors l'un de nos oiseaux les plus extraordinaires.

Grèbe cornu ou Esclavon (*Podiceps cornutus*, Lath.). Celui que je possède a été tué à Balloy, sur la Seine, où il est fort rare. Il se trouve plutôt dans les parties orientales et septentrionales de l'Europe ; il vit sur les eaux douces et sur les bords de la mer.

Grèbe castagneux (*Podiceps minor*, Lath.). Nos chasseurs de canards le nomment Touza. Il habite toute l'année les roseaux des étangs et des bords de la vieille Seine, mais pas les rives saines de la Seine et de l'Yonne. On ne le voit que dans les grands froids sur cette dernière rivière. Le Castagneux est plus commun l'hiver que l'été.

Quinzième Ordre. — Les **PALMIPÈDES.**

Genre *Sterna.*

Hirondelle de mer Pierre Garin (*Sterna hirundo*

Linn.). De passage irrégulier sur la Seine et sur l'Yonne, elle se montre alors en automne et au printemps ; ainsi, au commencement de septembre 1853, il en est venu des bandes assez fortes. J'en ai vu aussi au milieu de l'été, mais cette circonstance est encore plus rare.

Hirondelle de mer Epouvantail (*Sterna nigra*, Linn.). Se trouve aussi de temps en temps sur les bords de la Seine. C'est en mars ou avril, et en septembre ou octobre qu'on a le plus de chance de la rencontrer. Cette espèce est beaucoup plus rare dans Seine-et-Marne que dans Seine-et-Oise. Il en est de même de la précédente.

Genre *Larus*.

Mouette rieuse (*Larus ridibundus*, Leisl). Cette Mouette est de passage irrégulier sur les bords de nos rivières. J'en ai tué l'hiver à Balloy, et on la tue aussi au printemps, dans nos contrées ; elle est presque toujours isolée et ne se montre que rarement.

Mouette tridactyle (*Larus tridactylus*, Lath). Ainsi nommée parce que le pouce, qui se trouve derrière le tarse, n'est qu'un appendice dénué d'ongle. Je n'ai connaissance que d'une capture dans notre département : c'est à Noyen, sur les bords de la Seine, qu'elle a été tuée.

Genre *Stercorarius*.

Stercoraire de Buffon (*Stercorarius Richardsonii*, Swain.). C'est le parasite (*Lestris parasiticus*) de Temminck et le Stercoraire des rochers de M. Degland, qui le nomme *Stercorarius ceppleus*. Commun dans les mers du Nord, il est rare sur nos côtes. Son apparition dans nos départements intérieurs n'a encore été observée que cinq fois, quatre fois dans l'Aube et une fois dans Seine-et-Marne, à Misy, le 13 septembre 1849, après des coups de vent affreux qui avaient duré plusieurs jours. Un Stercoraire parasite fut tué en plaine par un des gardes de mon père; c'était un jeune, et il était accompagné d'un autre individu semblable à lui.

Genre *Anser*.

Oie cendrée ou première (*Anser ferus*, Tem.). Habite de préférence les parties orientales de l'Europe. Son passage s'effectue plus ordinairement sur les bords de la mer que dans les terres; aussi, lorsqu'il en passe au-dessus de nous, est-il fort rare de la voir descendre dans nos champs.

Oie vulgaire ou sauvage (*Anser segetum*, Tem.). De même que la précédente, elle nous vient des contrées arctiques, mais elle se tient davantage dans les terres que l'Oie cendrée, aussi la voit-on pâturer les blés verts. Ordinairement les bandes qui s'arrêtent chez nous sont peu nombreuses, mais tous les dix ou quinze ans il y en a beaucoup.

Oie rieuse (*Anser albifrons*, Tem.). Plus commune que la précédente, on en tue plus souvent; elle est plus petite que les autres, et se reconnaît facilement à une tache marron en forme de fer à cheval qu'elle porte, comme la Perdrix grise, sur la poitrine.

Nota. Ces trois espèces d'Oies nichent fort avant dans le Nord. La manière la plus sûre de distinguer l'Oie cendrée de l'Oie sauvage est de comparer leurs becs. Dans la première espèce, le bec est tout entier de couleur orange; dans la seconde, il est noir, coloré de faune au milieu seulement.

Oie égyptienne (*Anser ægyptiacus*, Mey.). On l'a tuée à Misy, sur l'Yonne, au mois de mars 1845. C'est l'individu que je possède, et, du reste, la seule capture dont j'aie été témoin. J'ai tué de ces oiseaux, pendant l'hiver, en haute et en moyenne Egypte. La chair des jeunes m'a paru aussi bonne que celle des autres Oies.

Genre *Cygnus*.

Cygne sauvage (*Cygnus musicus*, Tem.). Niche dans le Nord, en Islande. Son passage dans l'intérieur des terres n'a pas lieu régulièrement, et il ne se montre ordinairement chez nous que dans les années les plus rigoureuses. Il n'en est pas de même sur les bords de la mer, où on le voit tous les hivers.

Geure *Anas*.

Les Canards, de même que les Oies et les Cygnes, nichent dans le Nord ; quelques espèces se répandent jusqu'en Islande et dans les parties les plus reculées du cercle arctique : d'autres, au contraire, s'arrêtent dans les lacs et les étangs du Danemarck, de la Finlande ou du sud de la Suède, tandis que quelques variétés ne vont pas plus loin que les îles du nord de la Hollande et de l'Allemagne. Enfin, nous avons même quelques couples de Canards sauvages et de Sarcelles qui nichent dans nos parages ; mais ces individus peuvent être considérés comme des exceptions, car le gros de l'espèce se retire dans des latitudes plus élevées pour vaquer à leur reproduction.

Canard sauvage (*Anas boschas*, Linn.). Se trouve toute l'année sur nos grands étangs, où il niche, pond aussi quelquefois, quoique plus rarement, sur les bords marécageux de la Seine, de l'Yonne ou du Loing ; son nid est alors souvent posé sur une tête de saule. Plusieurs personnes dignes de foi, et M. de Balloy entre autres, m'ont assuré avoir vu des Canards ayant élu leur domicile sur le haut d'un peuplier dans un vieux nid de Pie.

En novembre et en mars, le Canard sauvage couvre nos rivières et nos étangs de ses nombreuses volées.

Canard chipeau ou ridenne (*Anas strepera*, Linn.). Nos canardiers le connaissent sous le nom de Canne Petuelle. Il se montre tous les ans sans être très-commun. Le Chipeau est très-tardif à la remonte ; c'est, avec la Sarcelle d'été, le dernier Canard qui retourne dans le Nord, aussi ces deux espèces, comme toutes celles qui sont très-frileuses, descendent-elles dès le milieu de septembre. On tue plus de Chipeaux à la remonte qu'à la descente. Il en est de même pour toutes les espèces remontant tard, le passage du printemps étant du reste plus long que celui d'automne.

Canard à longue queue, ou Pilet (*Anas acuta*, Linn.). Sur la Seine, il porte le sobriquet de Cul-fourchu. On le tue tous les ans à son double passage, comme le précédent. Il est fort bon à manger ; autrefois, on permettait en maigre le Pilet, la Macreuse, la Sarcelle et la Poule d'eau. Le Pilet remonte de bonne heure. On sait que ce Canard se croise quelquefois avec le Canard sauvage ordinaire. J'ai vu plusieurs de ces métis tués à l'état sauvage.

Canard siffleur (*Anas penelope*, Linn.), vulgairement *Vouyou*, nom qui imite son cri. Il est très-commun à son double passage, quelquefois il arrive en bandes innombrables. Le Siffleur est très-bon à manger et remonte de bonne heure.

Canard Sarcelle d'été (*Anas querquedula*, Linn.). Son surnom est Craleux ; nos paysans l'appellent aussi quelquefois Sarcelle de Chine. Cette espèce est la dernière qui remonte, et son passage de printemps se fait tout à la fin de mars et quelquefois jusqu'au 20 avril. Quand l'hiver a été très-humide, il nous en reste quelques couples qui nichent dans les débordements de la Seine. En 1852, on en a pris un nid à Balloy, et j'en ai eu les œufs. La Sarcelle d'été descend dès le milieu de septembre. et ce n'est qu'au printemps que nous en tuons. parce qu'à l'automne elle ne s'arrête pas chez nous.

Sarcelle d'hiver (*Anas crecca*, Linn.) ou Racanette. Plus commune que la précédente, on en voit beaucoup à son double passage. Cette Sarcelle est un excellent gibier dont le goût est beaucoup plus fin que celui du Canard ; elle monte et descend en même temps que le Canard sauvage ordinaire. Quelques individus de cette espèce nous restent pendant le temps des pontes; ce fait est moins rare que pour la Sarcelle d'été.

Canard Souchet (*Anas clypeata*, Linn.). Nos chasseurs le nomment Bec de cuiller. Il est très-reconnaissable à son bec large et à son ventre marron, comme celui du Martin-Pêcheur. Ce Canard est fort bon à manger. Son double passage est régulier, cependant il est peu commun ; c'est au printemps qu'on en tue le plus. Il remonte tard, c'est-à-dire à la fin de mars et jusqu'au 20 avril.

Canard Milouin (*Anas ferina*, Linn.). Sur la Seine, il porte le nom de Tiers-Moine, sans doute à cause de sa tête rousse. De double passage régulier, on le tue plus au printemps. Le Milouin est bon à manger, et remonte de bonne heure.

Canard Garrot (*Anas clangula*, Linn.). Les jeunes et les femelles sont de double passage régulier sur nos rivières et nos étangs. Les mâles adultes sont beaucoup plus rares. Le Garrot niche sous les latitudes les plus élevées.

Canard morillon (*Anas fuligula*, Linn.). De double passage régulier, on n'en tue guère qu'au printemps, sur la Seine, où il est connu sous le nom de Tiers-Noir.

Canard à iris blanc ou Nyroca (*Anas leucophtalmos*. Bechst.). Habite les contrées orientales de l'Europe; plus commun sur la mer Noire et la mer Caspienne qu'en France. Son passage sur les côtes de l'Océan n'a lieu qu'en petit nombre, et son apparition dans le département est très-rare; celui que je possède m'a été donné par MM. de Balloy et vient de Balloy même, où il a été tiré avec deux individus de la même espèce en 1838. Je n'ai pas connaissance d'autre capture du même oiseau dans Seine-et-Marne.

Nota. Tous les Canards que je viens d'énumérer, ainsi que plusieurs autres espèces étrangères à notre Faune, passent l'hiver en Egypte, où leurs bandes innombrables couvrent la surface du Delta. Ces oiseaux, du reste, ne paraissent pas, dans cette région, dépasser le Caire, ce qui tient à la sécheresse du pays et à l'absence des marécages dans lesquels ils pourraient chercher leur nourriture.

Genre *Mergus.*

Nous possédons trois espèces de ce genre, faciles à distinguer des Canards par leur bec cylindrique, armé de dents pointues et serrées qui leur servent à retenir le poisson, dont ils font leur unique nourriture. Les Harles sont des oiseaux de passage qui ne nichent jamais ici, mais vont faire leurs nids dans les régions du cercle arctique.

Grand Harle (*Mergus merganser*, Linn.). Le mâle adulte ne nous vient en général que par les hivers très-rigoureux, et se montre bien plus rarement que les jeunes et les femelles connus des chasseurs de la Seine sous le nom de *Beccard*. On en voit quelques-uns presque tous les ans ; mais, en 1829 et en 1838, le passage a été incroyable, et pendant plusieurs semaines nos rivières en étaient couvertes. Ces oiseaux sont mauvais à manger, les ailes des jeunes seuls sont supportables.

Harle huppé (*Mergus serrator*. Linn.). De passage

irrégulier, il nous vient moins souvent que le grand ;
'ses migrations ont lieu sur les côtes.

Harle Piette (*Mergus albellus*, Linn.). C'est le plus petit de nos Harles. Il n'est pas beaucoup plus gros qu'une
Sarcelle ; nos canardiers le nomment *Bec de poule*.
Il ne se passe pas d'année où l'on n'en voie au moins
des femelles et des jeunes. Il passe en petites troupes,
où les vieux mâles sont souvent mélangés avec les
autres, contrairement aux habitudes de beaucoup d'oiseaux d'eau, dont les différents âges voyagent séparé-
ment.

Genre *Carbo*.

Grand Cormoran (*Carbo cormoranus*, Mey.). C'est le
seul de nos oiseaux qui ait les quatre doigts pris dans
la même membrane, et tandis que les autres Palmipèdes ne perchent pas, le Cormoran, plus palmé que les
autres, se pose sur les arbres. Le Cormoran n'est pas
commun sur nos étangs ni sur nos rivières, où on le
voit, à l'automne et au printemps, revêtu déjà de son
plumage de noce. Cet oiseau plonge aussi bien que les
Harles, et comme eux il poursuit les poissons sous l'eau.

Genre *Colymbus*.

Plongeon Lume (*Colymbus arcticus*, Linn.). De la
grosseur d'une Oie, ce Plongeon niche dans les rochers
des mers polaires ; son passage s'effectue sur les côtes
de France, mais il est fort rare de le voir dans l'intérieur du pays, quoiqu'on le tue sur le lac de Genève,
et l'on ne peut guère s'imaginer comment un oiseau si
peu propre au vol peut traverser des montagnes sem-
blables aux Alpes. Je ne puis citer qu'un seul individu
tué dans le département, c'est à Noyen que cette capture

a été faite, pendant l'hiver de 1848, et MM. d'Arblay le conservent chez eux.

Plongeon cat marin (*Colymbus septentrionalis*, Linn.). Moins gros que le précédent, sa taille est un peu plus forte que celle du Canard de Barbarie. De passage accidentel sur la Seine, son apparition est moins rare que celle de l'espèce précédente. Celui que je possède a été tué et m'a été donné par M. de Balloy, en novembre 1841. Le Cat marin habite la Norwège, les îles Loffodes et l'Islande.

Après avoir donné l'énumération des espèces d'Oiseaux dont j'ai pu reconnaître l'existence dans le département de Seine-et-Marne, je vais compléter ce travail en donnant la liste d'autres espèces que l'on a prises ou tuées dans des départements voisins, et que l'on pourrait peut-être aussi rencontrer dans les limites géographiques dont nous nous sommes occupé.

Aigle botté.	Gros-Bec boréal.
— pygargue.	Pic noir.
Buse pattue.	— cendré.
Rollier d'Europe.	Sanderling variable.
Bec-Fin aquatique.	Échasse à manteau noir.
Mésange à moustache.	Huitrier-Pie.
Bruant fou.	Pluvier guignard.
— de neige.	Grand Pluvier à collier.
Gros-Bec cini.	Pluvier à collier interrompu.
— de montagne.	Vanneau-Pluvier.
Héron pourpré.	Barge rousse.
— crabier.	Poule d'eau Baillon.
Ibis falcinelle.	Goëlan à pieds jaunes.
Courlis corlieu.	Mouette à pieds bleus.
Bécasseau themia.	Oie cravant.
— maubèche.	— bernache.
Chevalier arlequin.	Canard tadorne.
— stagnatil.	— macreuse.
— sylvain.	— miloniuan.

NOTE

SUR UNE POCHE BUCCALE DU CASSE-NOIX

(*Nucifraga caryoctates*)

Présentée à l'Institut le 2 mai 1853 et insérée dans le Bulletin
de l'Académie.

Buffon a dit avec raison, et plusieurs autres naturalistes ont répété après lui, que le Casse-Noix fait des
provisions de noisettes, et les cache dans des anfractuosités de rochers et dans des trous d'arbres ; souvent,
continue le célèbre auteur, « l'oiseau oublie ses ca
« chettes, et on y trouve alors des amas considérables
« de noisettes et d'autres graines qu'il y a amoncelées
« pour sa nourriture pendant l'hiver. »
Mais ce qu'on n'a pas dit, et ce qui paraît avoir
échappé à tous ceux qui ont parlé du Casse-Noix, c'est
la manière dont cet oiseau fait sa récolte. — A la fin de
juillet, et pendant le mois d'août, quand les noisettes
sont mûres, le Casse-Noix descend régulièrement des
régions moyennes des montagnes de la Suisse, où il
habite en grand nombre, et s'approche des lacs et des
villages dans les parties où croissent les noisetiers.
Il en cueille les fruits, les épluche de manière à les
dégager de leur enveloppe foliacée, en conservant
l'amande recouverte de sa coque ligneuse, puis, les introduisant une à une dans son gosier, il en emporte
jusqu'à douze ou treize à la fois.

On pouvait croire, en effet, qu'il les portait les unes après les autres. comme nous voyons des oiseaux de genres voisins, les Pies et les Corneilles, enlever au bout de leur bec des noix ou des pommes de terre ; ou bien que, comme le Geai, dans l'œsophage duquel on trouve quelquefois deux ou trois glands, cet organe, très-dilatable aussi chez lui, l'aidait à ramasser plus de graines à la fois et lui évitait ainsi de multiplier ses voyages à l'infini.

Avec des moyens aussi simples, l'oiseau ne serait jamais parvenu à accumuler la masse de fruits dont il fait provision, et la nature prévoyante lui a donné un organe particulier dont ni Cuvier, ni Carus, ni Tiedmann, ni Meckel n'ont jamais parlé.

Cet organe est un sac à parois très-mince. ouvert immédiatement sous ıa langue bifide de l'oiseau, et dont l'orifice occupe toute la base de la cavité buccale. Il est placé immédiatement au-dessous du muscle peaussier, dans l'angle des deux branches de la mâchoire inférieure où il occupe le triangle situé entre ces deux branches.

Ce sac, extrêmement dilatable, est situé au-devant du cou, où il fait saillie des trois quarts à gauche de la ligne médiane. Sa longueur est environ des deux tiers de la longueur du cou de l'oiseau, dont le tissu cellulaire l'enveloppe et forme à la partie inférieure un véritable ligament qui se perd dans le tissu cellulaire de la paroi antérieure de la poitrine. Ce ligament celluleux comprend, dans son intérieur, deux muscles qui s'insèrent en bas à l'angle de la fourchette, se dirigent sur la face antérieure de la poche, et vont s'attacher en haut sur l'os hyoïde.

Mais, comme si la nature n'avait pas cru faire assez en dotant le Casse-Noix (cet oiseau éminemment voleur, de même que le sont certaines espèces de Singes à bajoues) d'une poche assez semblable à celle des Pélicans, elle lui a donné en outre un œsophage très-dilatable aussi pour lui servir de seconde poche.

A son origine, il occupe les deux tiers de la face antérieure de la colonne vertébrale sur laquelle il se trouve immédiatement placé, se dirigeant très-obliquement de haut en bas et de gauche à droite, embrassant la face postérieure de la trachée-artère, qui repose, à l'union de ses deux tiers droits et de son tiers gauche, dans une étendue d'un centimètre à peu près ; puis il se trouve tout à fait rejeté sur la partie latérale droite de la trachée un peu en arrière. Son orifice s'ouvre largement à la base de la langue, et peut atteindre le même diamètre que celui de la poche. Lorsque ces oiseaux sont chargés et regagnent leurs cachettes pour y déposer leurs provisions, la nourriture qu'ils ont entassée dans leur poche et dans leur œsophage leur forme comme un énorme goître sous le cou; cette grosseur, qui atteint quelquefois le double du volume de la tête de l'animal, est très-apparente, même quand il vole. J'en ai tué souvent dans ce moment-là, qui est aussi celui où les Casse-Noix se laissent le mieux approcher, et j'ai retiré jusqu'à sept noisettes du sac buccal, et six autres noisettes de l'œsophage d'un même individu.

Cette double coïncidence de la poche située à gauche et de la grande dilatation de l'œsophage rejeté à droite, de manière à servir de poche lui-même, m'avait longtemps trompé, et fait croire à une double poche placée à droite et à gauche du cou de l'oiseau ; mais la dissection est venue, en me montrant mon erreur, me faire voir la cause extraordinaire qui m'y avait induit.

Il n'est pas très-étonnant que l'existence de la poche dont nous nous occupons ici ait échappé aux ornithologistes et aux anatomistes les plus savants ; car ce n'est ordinairement qu'au moment de sa récolte matinale que l'oiseau s'en sert. Passé dix ou onze heures, il quitte le pied des montagnes pour rentrer dans la région des sapins, dont il ne s'écarte plus que le lendemain au lever du jour. Enfin, le Casse-Noix est un habitant de la Suéde, de la Norwège, ou des hautes montagnes du centre de l'Europe, comme les Alpes suisses, où il est fort abondant, principalement dans l'Oberland bernois. Celui que j'ai présenté à M. I. Geoffroy Saint-Hilaire, et que ce savant a bien voulu examiner, a été tué en novembre dernier, à Barcelonnette (Basses-Alpes), et sa poche, au lieu d'être pleine de noisettes, ne contenait que des graines du *Pinus cimbra* (L).

On le trouve aussi en Auvergne et dans le Jura, mais il ne paraît dans les plaines et aux environs de Paris qu'à des intervalles assez éloignés et très-irréguliers : ses passages sont accidentels, de même que ceux des Becs-Croisés et du Jaseur de Bohême. Pour ces oiseaux, de même que pour tous les autres émigrants emplumés, tels que les Canards et les Échassiers, c'est le manque de nourriture qui les force à changer de climat ; seulement les causes ne sont pas les mêmes. La gelée, en effet, en fermant les eaux et en solidifiant les vases, chasse chaque année les Anatidés et les Échassiers des vastes marais du Nord.

La disette des graines et des baies dont se nourrissent les *Loxia*, les *Bombycilla*, les *Nucifraga*, les éloignent momentanément de leurs demeures ordinaires. Dans ce cas, ils nous arrivent exténués, et s'empressent de satisfaire la faim qui les tourmente.

Les Casse-Noix n'ont garde alors de faire des provisions dans un pays où ils ne doivent pas séjourner, et leur poche, toujours vide, a dû facilement passer inaperçue même de M. Temminck ainsi que des autres naturalistes, qui ne les ont pas uniquement étudiés sur des peaux où il serait impossible de reconnaître les traces de l'organe dont il est ici question.

C'est à cette disette, et à leur épuisement faute de nourriture, que l'on doit attribuer le changement de leurs habitudes. Dans leurs montagnes, en effet, les Casse-Noix, de même que les Becs-Croisés, sont très-farouches et très-difficiles à approcher; ici, au contraire, quand ils nous visitent, on peut presque les tuer à coups de bâton. Le bruit des fusils ne parvient guère à les éloigner des arbres où ils trouvent des aliments qui leur conviennent; aussi, poussés par le plus impérieux des besoins, mettent-ils de côté leur prudence ordinaire et viennent-ils de nouveau s'offrir aux coups des chasseurs.

De là sans doute l'erreur dn docteur Degland, quand il dit, tome Ier, page 338 : « Toutes les espèces de la « famille des Corbeaux sont méfiantes, rusées, farou- « ches : le Casse-Noix fait exception ; il est presque « aussi confiant que le Bec-Croisé, et se laisse aborder « de très-près. » Tout cela est très-vrai quand ces deux espèces viennent chez nous ; mais qu'on les voie dans leurs forêts natales quand ils peuvent s'y nourrir abondamment, et l'on sera bientôt convaincu de la difficulté de les approcher et de les tuer. Le Casse-Noix de l'Inde, originaire des versants des monts Himalaya et de leurs ramifications les plus élevées, offre très-probablement les mêmes particularités anatomiques que notre espèce européenne, dont il diffère si peu extérieurement; il serait fort à désirer que les naturalistes anglais, mieux placés que nous pour étudier cette variété, pussent vérifier ce fait et confirmer nos suppositions.

Troisième classe. — LES REPTILES.

Les animaux de cette classe ont le sang froid. Le premier ordre est formé par les Cheloniens; mais, comme nous n'avons aucune espèce de Tortue dans notre département, nous passerons immédiatement au deuxième ordre, les Sauriens. Ces animaux se reproduisent pres-

que tous, ainsi que les Ophidiens, par des œufs que la
chaleur de la terre se charge de faire éclore ; cependant,
dans notre pays, le Lézard vivipare parmi les Sauriens,
et la Vipère parmi les Ophidiens, produisent leurs
petits vivants, parce que l'œuf éclôt dans le ventre de
la mère. Les Batraciens, qui forment le quatrième
ordre, après l'éclosion des œufs, passent par un état
intermédiaire que l'on a désigné sous le nom de Tétard.
Aussi l'on voit souvent dans les mares, lieu invariable
de la reproduction, des Tétards de Grenouilles, de
Crapauds, de Salamandres ou de Tritons.

Deuxième Ordre. — **LES SAURIENS A QUATRE
PIEDS.**

Genre *Lacerta*.

Le Lézard vert (*Lacerta viridis*, Daud.). Daudin en
fait deux espèces, en donnant à la femelle le nom de
Bilineata, parce qu'elle a souvent deux raies. On le
connaît sous le nom de Verderet. C'est au milieu des
roches de grès qu'on le trouve ordinairement ; aussi
est-il très-commun dans la forêt de Fontainebleau. Dans
les parties du département où le sol est crayeux, au
contraire, cette espèce ne se montre pas. Ce Lézard est
le plus grand que nous possédions. On m'en a apporté
qui mesuraient 0,57 cent. de longueur. Quand la queue
d'un Lézard casse, ce qui arrive fort souvent, car elles
sont très-fragiles, elle repousse bientôt, sans que l'animal paraisse en souffrir.

Le Lézard des souches (*Lacerta stirpium*, Daud.) a été
trouvé à Balloy, où il ne m'a pas paru très-commun.
On le rencontre sûrement dans d'autres localités et
dans des terrains analogues aux marais desséchés, d'où
il a été rapporté. Ce Lézard, dont le dos est vert, se

reconnaît facilement aux taches blanches entourées de noir qui sont répandues sur son corps.

Le Lézard des murailles (*Lacerta muralis*, Dugès). Le troisième pour la grosseur, ce Lézard habite les vieux murs exposés au midi et où il y a beaucoup de crevasses. Il est très-commun partout; on le trouve aussi dans les coteaux pierreux et dans les tas de pierres des vignes. Les rochers de grès de Fontainebleau fournissent trois variétés du Lézard des murailles: 1° avec le ventre blanchâtre; 2° avec la même couleur sous le ventre, mais en y ajoutant quatre ou cinq plaques bleues le long des flancs; 3° avec les parties inférieures couleur brique assez foncée et des taches bleues sur les flancs, comme dans la précédente. Cette troisième variété m'a toujours paru la moins commune. La couleur brique, comme les taches bleues, passent dans l'esprit-de-vin.

Le Lézard vivipare (*Lacerta vivipara*, Jacq.). J'ai pris ce Lézard dans les environs de Fontainebleau, où il ne paraît pas abondant. Il se tient dans les bois sablonneux, au milieu des genêts et des bruyères. Sa taille est de 19 cent. environ. Il est plus mince et plus élancé que le Lézard des murailles: toutes ses parties inférieures sont d'un beau jaune soufre uniforme : cette couleur se prolonge sous la queue, à trois ou quatre lignes au-delà de l'anus. Dessous du reste de la queue blanchâtre; six rangées seulement de plaques ventrales; toutes les parties supérieures d'un brun uni; deux petites raies blanchâtres partent de la partie postérieure de la tête et vont se perdre à l'extrémité de la queue, en dessinant une large bande brune qui occupe le milieu du dos; une autre ligne de points blanchâtres aussi et interrompue, tracée entre la partie antérieure et postérieure, forment de chaque côté une bande brune sur les flancs. Cette description est sans doute celle d'une femelle : le mâle a des taches noires sous le ventre.

Deuxième famille. — SAURIENS SANS MEMBRES EXTÉRIEURS.

Genre *Anguis*.

L'Orvet fragile (*Anguis fragilis*, Linn.). Assez commun dans les bois dont le terrain est humide ; on le connaît, dans nos campagnes, sous les noms de Linveau, de Serpent de verre, de Borgne. Cet animal est tout à fait inoffensif. La dissection a prouvé que cette espèce, que tout le monde prend pour un Serpent, se rapproche des Sauriens par ses vestiges de pieds intérieurs et l'existence d'un sternum. M. Jules Ray a déjà consigné ce fait dans sa Faune de l'Aube. Je ne le reproduis ici que parce que tout le monde ne le sait pas.

Troisième Ordre. — Les **OPHIDIENS.**

Première famille. — SERPENTS NON VENIMEUX.

Genre *Tropidonotus*.

La Couleuvre à collier (*Tropidonotus natrix*, Kuh.). Elle porte immédiatement derrière la tête une tache blanc jaunâtre suivie d'une autre tache noire. Ces deux taches, qui existent de chaque côté, servent à faire reconnaître cette espèce. C'est, de tous les Serpents, le plus commun dans l'arrondissement de Montereau ; il n'est pas plus rare ailleurs. La Couleuvre à collier n'est pas dangereuse ; on la trouve dans les bois, les champs, les prés, les parcs, les jardins. Pendant la grande chaleur, elle se tient dans les mares, où elle nage fort bien ;

elle exhale une forte odeur d'ail. Les chiens l'arrêtent quelquefois à la chasse.

La Couleuvre vipérine (*Tropidonotus viperinus*, Boié). Cette espèce, qui ressemble à la Vipère, se trouve à Fontainebleau, où elle n'est pas très-rare dans les parties humides de la forêt.

Genre *Coronella*.

La Couleuvre lisse (*Coronella austriaca*, Laur.). Elle est couleur de bronze florentin ; sa tête est en partie couverte de plaques, comme les Couleuvres, tandis que la partie postérieure n'a que des écailles, comme chez la Vipère. Très-commune dans les terrains de grès de la forêt de Fontainebleau, elle est extrêmement rare dans le canton de Montereau, où je ne l'ai jamais vue que deux fois. Il y a des Couleuvres lisses plus ou moins foncées, selon l'époque plus ou moins éloignée de leur dernière mue.

Couleuvre d'Esculape (*Elaphis Œsculapii*, D. B.). Je ne l'ai vue qu'à Fontainebleau, où elle n'est pas rare. Le dessus de son corps est vert olive uni ; le dessous est aussi uniforme et d'un jaune citron clair derrière la tête. Il y a un demi-collier jaune plus foncé que le ventre ; enfin, un petit trait noir se dessine derrière les yeux (1).

Deuxième famille. — SERPENTS VENIMEUX.

Genre *Vipera*.

La Vipère commune (*Vipera berus*, Linn.). Ses œufs éclosent dans le ventre de la mère. Les crochets à venin

(1) Il m'a été impossible de trouver la couleur verte et jaune (*zamenis viridi flavus*) que M. Ray dit exister dans les bois de Clairvaux. Je crois être parfaitement sûr qu'elle ne se trouve pas dans Seine-et-Marne.

de ce dangereux animal, au nombre de deux, sont placés à la mâchoire supérieure. Je connais deux variétés de Vipères : la rousse, qui se trouve, je crois, dans les terrains humides ; c'est la seule que l'on voie à Hautefeuille (Yonne). Cette localité est sur une couche de glaise ; c'est toujours aussi cette espèce que j'ai rencontrée dans le département de l'Aisne, entre la Fère et Laon, pays assez humide. A Fontainebleau, nous avons la variété noire : elle y est très-commune, tandis que je n'en ai jamais vu ni de l'une ni de l'autre variété dans le canton de Montereau (1).

Quatrième Ordre. — **BATRACIENS.**

Première famille. — Anoures.

Genre *Rana.*

La Grenouille verte (*Rana esculenta*, Linn.). Cette Grenouille, très-commune le long des rivières, dans toutes les mares et les étangs, est celle que l'on mange. On la reconnaît à trois plis jaunes formés par la peau du dos.

La Grenouille rousse (*Rana temporaria*, Linn.). Son nom lui vient d'une grande tache noire que cette espèce porte toujours sur chaque côté de la tête, quelle que soit, du reste, sa couleur, qui varie beaucoup. Ses pieds sont peu élevés ; elle n'habite les eaux que l'hiver, pour s'enfouir, comme toutes ses congénères, dans la vase, et, au printemps, pour la reproduction. Le reste du temps, elle se tient dans les bois frais ou sous les pierres, dans les endroits élevés, tandis que celle-ci s'éloigne pendant la moitié de l'année des eaux. La précédente ne les quitte pas, ou bien peu.

(1) M. Duméril m'a assuré avoir reçu de Fontainebleau une autre variété, le *Pelias berus* ; jusqu'à présent, je ne l'y ai jamais vu.

Genre *Pelodytes*.

La Grenouille ponctuée (*Pelodytes punctatus*, Ch. Bonap.). Nouveau genre établi par le prince de Musignano pour cette seule espèce, que l'on ne trouve, dit-on, qu'en France, où elle serait fort rare. Je l'ai rencontrée assez fréquemment dans le canton de Montereau, dans les caves des carrières de craie, dans des jardins ou derrière de vieilles boiseries humides. L'ardeur du soleil la tue très-promptement. Elle est facile à reconnaître à sa couleur de chair livide en dessus, avec des taches vertes qui deviennent noires après la mort de l'animal. Je ne l'ai jamais vue monter sur les arbres, quoiqu'elle ait des pelotes aux pattes, comme les Rainettes.

M. A. Thomas a consigné dans les *Annales des sciences naturelles*, t. I, p. 290, de très-curieuses observations sur l'accouplement de cette espèce, qui se reproduit deux fois par an, dans le mois de mars et vers la première quinzaine d'octobre. — Le *Bombinator* et l'*Alytes* jouiraient de la même faculté.

Genre *Hyla*.

Rainette verte (*Hyla arborea*, Schinz.). Se tient ordinairement sur les buissons, les petits arbres. Sa couleur la fait confondre avec les feuilles : elle grimpe au moyen de pelotes placées au bout de ses doigts ; ces pelotes sont beaucoup plus marquées dans cette espèce que dans la précédente. A l'approche de la pluie, le mâle fait entendre un coassement très-fort. La Rainette est assez commune.

Genre *Alytes*.

Crapaud accoucheur (*Alytes obstetricans*, Wagl.). Son nom lui vient de ce qu'il aide sa femelle à se débarrasser de ses œufs, et les porte à l'eau enlacés autour de ses pieds de derrière. Cet animal, de la grosseur d'une Rainette, est rouge brique en dessus, avec des traits noirs. Il se retire sous les pierres, où il fait entendre le soir un petit son argentin, *clock, clock*, qu'il répète par intervalles.

Genre *Pelobates*.

Le Crapaud brun (*Pelobates fuscus*, Wagl.). Cet animal, quand on le dérange, exhale une forte odeur d'ail, et souvent, par cette odeur, on peut être prévenu de sa présence. Il fraye, au printemps, dans les mares, et se tient, l'été, dans les bois frais, quelquefois dans les jardins.

Genre *Bombinator*.

Le Crapaud sonnant (*Bombinator igneus*, Merr.). Il est gris terreux en dessus; son ventre, jaune orange, est marqué de marbrures bleu foncé, qui le font distinguer facilement. Il n'est pas très-commun dans nos environs; c'est principalement au moment où on relève les avoines, et sous les andins, que je l'ai trouvé dans nos plaines. M. Ray dit qu'il fraye dans les mares argileuses : je ne l'ai jamais vu frayer.

Genre *Bufo*.

Le Crapaud commun (*Bufo vulgaris*, Lam.). Connu de tout le monde. Il est fort commun partout. J'en ai trouvé de verdâtres, avec des taches brunes; de cendrés, de jaune rougeâtre, car cet animal change de couleur suivant les localités qu'il habite.

Le Crapaud vert (*Bufo viridis*, Laur.). On le reconnaît à la raie jaune qu'il a au milieu du dos; dans plusieurs individus, cette raie n'est pas bien marquée. Cette espèce n'est pas rare; je l'ai trouvée dans les jardins : l'été, elle se retire dans les carrières ou sous des pierres.

Deuxième famille. — Les Urodèles.

Genre *Salamandra*.

La Salamandre terrestre (*Salamandra maculosa*, Laur.). Très-commune à Hautefeuille, dans le département de l'Yonne, où les bois sont humides; on la voit courir dès qu'il vient de pleuvoir. Je ne l'ai jamais rencontrée dans Seine-et-Marne, où je suppose qu'elle doit exister dans quelques parties humides du département.

Genre *Triton*.

La Salamandre crêtée (*Triton cristatus*, Laur.). Peau chagrinée d'un vert noirâtre, avec des taches arrondies noires. Le mâle porte pendant le temps de l'amour, qui est au mois de mai, une crête haute et dentelée placée sur le milieu du dos. C'est l'espèce la plus commune dans les eaux stagnantes. — Aussi dans les bassins, à Misy.

La Salamandre marbrée (*Triton marmoratus*, Cuv.). Cette espèce rare habite dans la forêt de Fontainebleau. Je l'ai trouvée dans une mare appelée la mare Macou, située au milieu des bois de Bourron. C'est, jusqu'à présent, le seul endroit où j'aie pu la découvrir; mais je ne doute pas qu'elle ne se trouve dans d'autres mares de la forêt. La Salamandre marbrée est très-facile à reconnaître à sa couleur, qui, en dessus, est d'un beau vert de feuille parsemé de très-grandes taches d'un noir profond. Le mâle porte, pendant le mois de mai, une crête bientôt remplacée sur le dos par une ligne rouge orange.

Genre *Lissotriton*.

La Salamandre ponctuée (*Lissotriton punctatus*, Bell.). Ce genre a été établi pour les Tritons à peau lisse. La Salamandre ponctuée se trouve dans les eaux stagnantes et dans les bassins d'arrosement ; elle n'est pas très-rare à Misy, même pendant le temps des amours ; le mâle porte le long du dos une crête à larges dents.

La Salamandre à ceinture (*Lissotriton alpestris*, Ch. Bonap.). Bleu d'ardoise en dessus, orange en dessous. Dans les mares, les bassins d'arrosement.

La Salamandre palmipède (*Lassotriton palmipes*, Bell.). Je ne sais si cette espèce habite dans nos eaux, car je n'ai jamais été à même de la trouver. On la reconnaîtra principalement aux trois crêtes qu'elle a sur le dos et à un petit filet qui termine sa queue.

QUATRIÈME CLASSE. — LES POISSONS.

Premier Ordre. — Les ACANTHOPTÉRYGIENS.

Première famille. — LES PERCOÏDES.

Genre *Perca*.

La Perche commune (*Perca fluviatilis*, Linn.). Ce poisson, très-commun dans nos rivières et nos étangs, est connu de tout le monde ; il a des bandes noirâtres placées en travers sur le dos, et des nageoires rouges.

Genre *Acerina*.

La Perche goujonnière (*Acerina cernua*, G. Cuv.). Elle ressemble à la Perche et au Goujon ; ses écailles sont rugueuses, sa couleur olivâtre tâchée de brun. Elle n'est pas rare dans la Seine et dans l'Yonne, où les pêcheurs la nomment Goujon perchat.

Deuxième famille. — JOUES CUIRASSÉES.

Genre *Cottus*.

Le Chabot (*Cottus gobio*, Linn.). Ce petit poisson ressemble à un Têtard ; il se tient sous les pierres. On le trouve dans la Seine, l'Yonne, le Loing, où il n'est pas très-commun. C'est principalement quand l'eau est trouble qu'on le prend.

Genre *Gasterosteus*.

L'Epinoche aiguillonnée (*Gasterosteus aculeatus*, Lin.). Commune dans presque toutes les rivières, on la trouve aussi dans la Vieille-Seine et dans les dessèchements des marais de Bazoches. On reconnaît facilement ce petit poisson à ses trois épines dorsales. L'Epinoche aiguillonnée se trouve volontiers dans la vase. On dit qu'elle détruit les autres poissons au moment du frai.

L'Epinoche à neuf épines (*Gasterosteus pungitius*, Linn.). Plus petite que la précédente, elle porte sur le dos neuf ou dix épines rangées à peu près comme les dents d'une scie ; ces épines sont beaucoup moins longues que dans l'Epinoche aiguillonnée. Ces deux espèces de poissons se trouvent dans les mêmes endroits. Je n'ai jamais vu que des Epinoches et des Epinochettes à queues nues.

Deuxième Ordre. — Les **MALACOPTÉRYGIENS ABDOMINAUX,**

Première famille. — LES CYPRINOÏDES.

Genre *Cyprinus*.

Première section. — LES CARPES.

La Carpe ordinaire (*Cyprinus carpio*, Linn.). On la

trouve principalement dans les étangs : nous en avons cependant quelques-unes dans nos rivières; celles-ci sont bien plus dorées que celles des eaux stagnantes. La Carpe à miroir et la Carpe à cuir ne sont que des variétés de la Carpe ordinaire, qui devient quelquefois blanche en vieillissant. Les bassins de Fontainebleau en contiennent de cette couleur.

Deuxième section. — LES BARBEAUX.

Le Barbeau (*Cyprinus barbus*, Linn.). Ce poisson porte quatre barbillons pendants à sa mâchoire supérieure; c'est l'un des plus communs de nos rivières, mais sa chair est toujours médiocre.

Troisième section. — LES GOUJONS.

Le Goujon (*Cyprinus gobio*, Linn.). Connu de tout le monde, ce petit poisson est fort bon et **très-commun** sur les sables de toutes nos rivières.

Quatrième section. — LES TANCHES.

La Tanche (*Cyprinus tinca*, Linn.) se plaît, en général, dans la vase, aussi en trouve-t-on de préférence dans les étangs; cependant, quand elle habite dans les rivières, elle est plus dorée et sa chair meilleure. La Tanche est un poisson commun; ses écailles, fort petites, sont recouvertes d'un enduit visqueux.

Cinquième section. — LES BRÈMES.

La Brème (*Cyprinus brama*, Linn.) a le corps très-haut et très-comprimé latéralement. Elle devient assez grosse ; mais sa chair, molle, est toujours remplie d'arêtes. Commune dans nos rivières, la Brème prospère aussi dans les eaux stagnantes.

La Bouvière (*Cyprinus amarus*, Bloch) vit sur les graviers de la Seine, de l'Yonne, ainsi que dans la Vieille-
Seine. Ses écailles sont grandes. presque toutes les
parties de son corps transparentes. La ligne latérale est
noire ou d'un bleu d'acier. Comme les Carpes, elle
porte une épine rude à la nageoire dorsale, qui compte
dix rayons : l'anale en a onze.

Sixième section. — LES ABLES.

La Chevenne ou Meûnier (*Cyprinus dobula*, Linn.). Il
est très-commun dans nos rivières, se prend facilement
à la ligne ; sa tête est large, arrondie, et ses nageoires
inférieures rougeâtres.

Le Gardon (*Cyprinus idus*, Bloch) est aussi commun
dans les rivières que dans les étangs.

La Rosse (*Cyprinus rutilus*, Linn.) a les nageoires
d'un rouge très-vif. Les pêcheurs de la Seine et de
l'Yonne le connaissent sous le nom de Roussat. Il est
plus commun dans la première que dans la seconde de
ces rivières, et préfère les endroits vaseux.

La Vandoise (*Cyprinus leuciscus*, Linn.) est un petit
poisson blanc dont le dos est vert brillant, avec le ventre
d'un blanc d'argent. Il se tient dans les eaux peu profondes qui coulent sur le gravier. La Vandoise est extrêmement commune dans toutes les rivières et les ruisseaux limpides.

Le Rotengle (*Cyprinus erythrophtalmus*, Linn.). Beaucoup moins connu que les précédents, il a les yeux jaunes, les nageoires ventrale et anale d'un rouge de mi-
nium très-vif, surtout aux rayons ; les pectorales d'un
blanc jaunâtre. Le Rotengle est caractérisé par la saillie brusque de son dos, qui fait paraître sa tête très-
déprimée. Sa nageoire caudale est verdâtre à la base et
rouge vif à l'extrémité de ses deux lobes. On trouve ce
poisson dans la Seine et dans l'Yonne.

L'Ablette ou Able (*Cyprinus alburnus*, Linn.). Ce petit poisson est encore un de ceux que tout le monde connaît. Il se laisse prendre facilement à l'hameçon. On en pêche des quantités avec de grands filets, et on le vend à Paris, où ses écailles servent à faire les fausses perles.

Le Spirling (*Cyprinus bipunctatus*, Bloch). C'est l'Eperlan de nos pêcheurs. Commun dans la Seine comme dans l'Yonne, on le distingue facilement de ses congénères à la double rangée de points noirs marqués sur les côtés de son corps.

Le Véron (*Cyprinus phoxinus*, Linn.). Très-commun dans nos rivières et dans les sources claires et limpides. C'est, je crois, avec les Epinoches, le plus petit de nos poissons.

Genre *Cobitis*.

La Loche ordinaire (*Cobitis barbatula*, Linn.). Ce poisson est très-petit; son corps cylindrique a des taches brunes. Il a six barbillons qui servent à le faire reconnaître facilement. Très-commune dans la Seine et dans l'Yonne, cette espèce se trouve sous les pierres et dans les parties rapides.

La Loche des rivières (*Cobitis tænia*, Linn.) diffère de la Loche ordinaire par la place de ses barbillons, dont deux seulement sont attachés à la lèvre supérieure, tandis que dans la *barbatula* ils sont tous les six à cette lèvre. Le *Cobitis tænia* a une petite épine devant chaque œil, et la tête beaucoup plus déprimée que l'espèce précédente. Je l'ai pris sur les graviers de l'Yonne, où elle se trouve comme dans la Seine.

Deuxième famille. — Les Esocés.

Le Brochet (*Esox lucius*, Linn.). Cet animal, très-vorace, est des plus communs dans toutes nos eaux. Quelques-uns pèsent jusqu'à trente livres et au delà.

On ne mange pas les œufs du Brochet parce qu'ils sont très-purgatifs.

Troisième famille. — LES SALMONIDÉS.

Le Saumon (*Salmo salar*, Linn.) (1). Dans l'Yonne et la Seine. C'est principalement dans la rivière d'Yonne que l'on pêche des Saumons pendant les mois de juillet, d'août et de septembre. J'ai vu à Misy même les pêcheurs en prendre jusqu'à quinze dans la même année : on en trouve qui pèsent de dix-huit à vingt livres. Ils sont très-bons quand ils n'ont pas frayé ; plus tard, leur chair devient infiniment moins délicate. Nos pêcheurs appellent **Beccard** les mâles (2). Ils prétendent que l'extrémité de leur mâchoire inférieure se termine par un renflement considérable qui n'existe pas chez la femelle. Il n'y a guère d'année où l'on n'en prenne quelques-uns à Misy.

La Truite commune (*Salmo fario*, Linn.) (3). Extrêmement rare dans la Seine et dans l'Yonne, où je n'ai jamais vu de Truites saumonées. Je n'ai connaissance que de trois captures : l'une, dans l'Yonne, d'un poisson de cette espèce pesant environ deux livres ; deux autres Truites fort petites ont été prises par M. de Balloy tout près de l'embouchure du canal de desséchement des marais de Bazoches, dans la Seine.

La Truite saumonée (*Salmo trutta*, Linn.) n'est pas très-rare dans la rivière du Loing, du côté de Grès et de Nemours. Ce poisson délicat recherche, par-dessus tout, les eaux les plus vives et les plus claires. Je crois qu'on le chercherait inutilement, dans Seine-et-Marne, ailleurs que dans le Loing.

(1) *Salmo-salmo* (Cuv. et Val.).

(2) C'est le *Salmo hamatus* (Cuv.). Cette espèce est plus rare que l'autre dans nos rivières.

(3) *Salar Ausonii* (Cuv. et Val.).

Quatrième famille. — LES CLUPEÏDES.

L'Alose ordinaire (*Clupea alosa*, Linn.). Ce poisson de mer remonte régulièrement dans la Seine et dans l'Yonne vers la mi-avril et le commencement de mai. Un jour que je me promenais au bord de la rivière, j'ai vu nos pêcheurs de Misy en prendre trente et un d'un seul coup de filet. Il est curieux de penser que ces poissons, avant de nous arriver pour frayer, ont été obligés de passer par Paris. De même que les Saumons, les Aloses deviennent molles après la ponte.

Troisième Ordre — **MALACOPTÉRYGIENS SUBBRACHIENS.**

Genre *Gadus*.

La Lotte (*Gadus lotta*, Linn.). C'est encore un poisson de mer qui remonte dans nos rivières. Elle est moins commune dans l'Yonne que dans la Seine, où on en prend une grande quantité dans les mois de novembre et de décembre. C'est un poisson recherché : son foie et sa laitance sont particulièrement délicats. Comme l'Anguille, la Lotte est recouverte d'une peau sans écailles.

Quatrième Ordre. — **MALACOPTÉRYGIENS APODES.**

Genre *Muræna*.

L'Anguille (*Muræna anguilla*, Linn.) est un très-bon poisson que l'on voit en assez grand nombre dans toutes nos eaux courantes ou dormantes; elle fraye à l'embouchure des fleuves dans la mer.

(Le cinquième Ordre des Lophobranches et le sixième Ordre des Plectognates ne renferment que des poissons de mer, et sont par conséquent étrangers à nos limites géographiques.)

Septième Ordre. — **CHONDROPTÉRYGIENS A BRANCHIES LIBRES**.

L'Esturgeon ordinaire (*Accipenser sturio*, Linn.) est un poisson de mer qui se tient à l'embouchure des fleuves. Il y a une quinzaine d'années, on en a pris un dans la Seine, un peu au-dessus de Montereau ; il pesait cent cinquante livres, et avait suivi un bateau de sel. Depuis, en 1853, un autre Esturgeon a été pris dans la Seine par les pêcheurs de Bray ; ils l'exposèrent vivant aux regards des curieux pendant la foire de cette ville, qui a lieu le 14 septembre : le premier avait été aussi montré vivant pendant quelques jours dans la ville de Montereau. Ces deux apparitions sont les seules que je puisse citer de ce poisson dans nos eaux.

Huitième et dernier Ordre. — **CHONDROPTÉRYGIENS A BRANCHIES FIXES.**

Famille des CYCLOSTOMES.

Genre *Petromyzon*.

La Lamproie fluviatile (*Petromyzon fluviatilis*, Linn.). Cet animal remarquable est caractérisé par sept ouvertures qu'il a de chaque côté du cou. Il doit y en avoir dans la Seine, car on en prend de temps en temps dans l'Yonne, où ce poisson est cependant assez rare.

La petite Lamproie (*Petromyzon Planeri*, Bloch). J'en ai vu prendre fréquemment en curant le canal de desséchement des marais de Bazoches. Ce poisson se tient dans la boue. Il a sept ouvertures, comme l'autre Lamproie ; le dessus de son corps est vert olive, le dessous blanc ; l'iris des yeux jaune paille. Sa longueur totale

est de six à huit pouces. Le *Petromyzon Planeri* se dis-
tinguera toujours facilement du Lamprillon par la petite nageoire dorsale qui manque à ce dernier.

Genre *Amocœtes*.

Le Lamprillon (*Amocœtes branchialis*, Dum.). C'est
un fort petit animal. Il a sept trous, comme les Lam-
proies, mais il manque de dents, et ne s'attache pas par
la succion, comme les Petromyzons. Il vit dans la boue,
se trouve dans la Seine ainsi que dans l'Yonne, et sert
d'amorce pour les autres poissons.

ERRATA.

—

Page 9,	ligne 13,	*au lieu de* Tetragonorus,	*lisez*	Tetragonurus.
9,	— 13,	— Musareigue,	—	Musaraigne.
21,	— 15,	— Capriolus,	—	Capreolus.
28,	— 50,	— Avocesse,	—	Avocette.
30,	— 16,	— Palombarius,	—	Palumbarius.
42,	— 3,	— Succica,	—	Suecica.
43,	— 6,	— Hippolaïs.	—	Hypolaïs.
44,	— 27,	— OEnante.	—	OEnanthe.
46,	— 3,	— Bocerula.	—	Boarula.
69,	— 22,	— Chloropius,	—	Chloropus.
71,	— 30,	— Ceppleus,	—	Cephus.
78,	— 36,	— Milouiuan.	—	Milouinan.
79,	— 3,	— Caryoctates.	—	Caryocatactes.

Paris. — Typ. Simon Raçon et Comp., rue d'Erfurth, 1.